Vorwort

Meine Glückwünsche an Microsoft. Mit dem Internet Explorer 9 ist Ihnen der große Wurf gelungen. Die Arbeit mit dem Programm macht wirklich Spaß.

Auf den ersten Blick denkt man ja der Internet Explorer sei sehr, sehr spartanisch ausgestattet. Der Schein trügt aber gewaltig. Da stecken ganz schön viele und auch interessante Funktionen unter der Haube. Man muss sie nur finden ☺. Aber dabei soll Ihnen dieses Buch ja helfen.

Ich muss ja gestehen, dass ich seit einigen Jahren ein eingefleischter Firefox-Benutzer war. Als die erste Beta-Version des Internet Explorer 9 von Microsoft zum Download bereitgestellt wurde, war ich auch noch skeptisch. Reinschauen kostet ja nichts habe ich mir gedacht. Was ich dann vorgefunden habe hat mich auf angenehmste überrascht. Komfortabel, schnell, neue Sicherheitsfunktionen ... Ich war beeindruckt. Und mit jeder neuen Beta-Version wurde der Internet Explorer 9 noch schneller. Ich war noch mehr beeindruckt.

Mittlerweile ist das Programm aus dem Beta-Stadium raus und für Jedermann installierbar. Internetseiten werden sehr schnell dargestellt und beim Bedienungskomfort bleiben wohl kaum noch Wünsche offen. Was soll ich sagen ... Ich bin wieder auf den Internet Explorer-Geschmack gekommen und arbeite quasi nur noch mit diesem Progamm im Internet.

Stabilität, Geschwindigkeit und Sicherheit sind nicht nur für mich als Autor und Internet-Programmierer wichtig, sondern auch oder vielleicht sogar gerade für den „normalen" Benutzer des Internets. Im Internet lauern leider, leider ein paar üble Fallstricke. Der Internet Explorer 9 hilft dabei, Sie davor zu schützen. Die Begriffe zu diesen Sicherheitsfunktionen sind leider oft etwas unverständlich und somit als Sicherheitsfunktion schwer zu erkennen. Ich denke aber, dass dieses Buch gerade in dem Bereich viele Ihrer Fragen beantwortet. Mir reicht es dabei nicht aus nur zu schreiben, wie man etwas ein- und ausschaltet. Ich möchte auch, dass Sie lernen, wozu das überhaupt gut ist und was es genau macht.

leicht zu verstehen und praxiserprobt

Internet-Explorer 9 für den Hausgebrauch

Surfen Sie mit dem Internet-Explorer 9 im Internet ...
... und haben Sie Spaß daran.

Copyright © 2011 Franz Hansmann
Herstellung und Verlag:
Books on Demand GmbH, Norderstedt
ISBN: 978-3-8423-4920-9

Inhaltsverzeichnis

Über dieses Buch.. 8
Für wen ist der Internet Explorer 9?.. 8
Allgemeines und Historie... 8
Warum auf Internet-Explorer 9 umsteigen?... 9
Was kostet der Internet-Explorer 9?... 9
Internet-Explorer 9 herunterladen... 10
Internet-Explorer 9 installieren 12
Update auf Internet-Explorer 9 13
Internet-Explorer 9 starten 13
Nützliche Mausfunktionen... 15
Internet-Explorer 9 beenden.. 16
Die erste Internetadresse 17
Noch mehr neue Internetadressen 21
Woher bekomme ich Internet-Adressen?.. 21
Was ist ein Link?... 22
Linkbeispiele... 23
Wo führen mich die Links denn hin? 24
Woran erkennt man den Link-Typ? 26
Link-Demo 27
Was kann der Internet Explorer 9?.. 29
   Vor- Zurück-Schalter 29
   Die Addresszeile.. 30
   Die Registerkarten... 32
   Die Symbolleiste 37
      Startseite(n) einstellen 37
      Favoriten 38
      Seite als Favorit speichern.. 39
      Favoriten einzeln aufrufen 42
      Favoritengruppe aufrufen 42
      Favoriten ordnen 44
      Favoriten umbenennen 47
      Favoriten löschen 48
      Verlauf... 49
      Einstellungen... 50
Wo ist die Menüleiste? 50
Datei 51
   Neue Registerkarte 51
   Registerkarte kopieren 51
   Öffnen... 51
   Bearbeiten.. 52

    Speichern 52
    Seite einrichten... 52
    Drucken 52
    Druckvorschau 52
    Senden... 53
    Importieren und Exportieren... 54
    Eigenschaften 54
    Beenden... 54
Bearbeiten 55
Ansicht 55
    Symbolleisten 56
        Favoritenleiste.. 56
        Befehlsleiste... 57
        Statusleiste 59
        Windows Live-Toolbar 60
        fixieren 60
        Gehe zu 60
        Beenden 60
        Aktualisieren 61
        Zoom 61
        Textgröße 61
        Quellcode... 61
        Datenschutzrichtlinie der Website 62
        Vollbild... 62
    Menübefehl Favoriten 63
Extras 64
    Browserverlauf löschen.. 64
        Temporäre Internetdateien... 65
        Cookies.. 65
        Verlauf... 65
        Downloadverlauf 65
        Formulardaten... 65
        Kennwörter 66
        Bevorzugte Webseiten beibehalten.. 66
    InPrivate Browsen 66
    Tracking-Schutz 67
    ActiveX-Filterung 71
    Diagnose von Verbindungsproblemen 71
    Letzte Browsersitzung erneut öffnen... 72
    Website dem Startmenü hinzufügen 72
    Downloads anzeigen.. 73

Popup-Blocker... 75
SmartScreen-Filter 76
Add-Ons verwalten... 78
Kompatibilitätsansicht... 79
Einstellungen der Kompatibilitätsansicht... 79
Feed abonnieren 80
Feedsuche... 81
Windows Update... 81
F12 Entwicklertools 81
Internetoptionen... 82
   Registerkarte „Allgemein"... 82
      Startseite... 82
      Browserverlauf... 82
      Suchen... 84
      Registerkarten 87
   Registerkarte „Sicherheit".. 88
   Registerkarte „Datenschutz".. 89
   Registerkarte „Inhalte".. 90
   Registerkarte „Verbindungen"... 91
   Registerkarte „Programme".. 92
   Registerkarte „Erweitert" 93
Menü ?.. 93
Alles sieht anders aus 94
Suchmaschinen 95
Die Ergebnisseite(n) 101
Ergebnisseiten benutzen 102
Was können Suchmaschinen nicht?..104
Was kann Google noch?..105
Sicherheit im Internet 111
Verschlüsselte Internetseiten...113
Tipps & Tricks 114
   Registerkarte in Taskleiste ziehen..114
   Registerkarte kopieren...114
   Mehr als zwei Downloads gleichzeitig..114
   Strg + F 115
Tastaturkürzel 116
Das kleine Internet-Lexikon 118
Index..142
Haftungsausschluss 145

Über dieses Buch

Dieses Buch ist keine Enzyklopädie über den Internet-Explorer 9. Es beschreibt nicht haarklein jede Funktion des Programms, sondern beschränkt sich darauf, was für die tägliche Arbeit mit dem Internet-Explorer 9 wichtig ist und was dazu dient, die große Masse anfallender Aufgaben schnell, effizient und sicher zu erledigen. Dabei ist das Buch nicht oberflächlich. Das finde ich als Autor jedenfalls ☺. Damit ist auch klar, dass sich das Buch an den "normalen" Anwender richtet. Obwohl ich glaube, dass selbst ambitionierte Internet-Explorer 9-Nutzer hier noch viele Dinge finden, die sie noch nicht wussten und ihnen den Umgang mit dem Programm erleichtern. Alle Personen, denen ich das Script zu lesen gegeben habe, bevor ich es veröffentlicht habe, hatten schon lange Erfahrung mit dem Internet-Explorer. Alle haben noch viele nützliche Tipps darin gefunden. Und ich hoffe immer noch, dass sie das nicht aus Freundschaft zu mir gesagt haben ☺.

Für wen ist der Internet Explorer 9?

Jeder, der entweder Windows Vista oder Windows 7 auf seinem PC installiert hat, kann den Internet Explorer 9 uneingeschränkt einsetzen. Besitzer älterer Windows-Versionen, also auch XP stehen leider im Regen.

Allgemeines und Historie

Heute ist das Internet die größte, jemals von Menschen geschaffene, Wissenssammlung der Welt. Es gibt praktisch kein Thema mehr, zu dem sich nicht umfangreiche Informationen finden lassen. Wenn man sich unsere Nutzungsgewohnheiten des Internets ansieht, ist es doch verwunderlich, dass das Internet ursprünglich eine rein militärische Entwicklung war. Ziel der Militärs war es, dass selbst bei einer erheblichen Zerstörung von Kommando- und Kommunikationsstrukturen, zwischen den verbleibenden Stellen ein reibungsloser Datenaustausch stattfinden kann. Es tut gut zu erleben, dass auch militärische Entwicklungen konstruktiver Natur sein können und einen schöpferischen Nutzen für große Teile der Weltbevölkerung haben können. Das Internet hat sich wirklich explosionsartig entwickelt. Im Jahre 1995 wurden an einem einzigen Tag weltweit 32MByte Daten übertragen. Im November 2005 waren es 50GByte in einer Stunde. Allerdings nur in Deutschland!!! Hm. Es gibt Tage, da bringe ich es alleine schon auf ein Datenvolumen von 5GByte an einem Tag. Zurzeit geht man von einer Verdopplung des Datenaufkommens alle 12 Monate aus. Das Internet ist die größte Wissensdatenbank, die die Menschheit jemals angelegt hat. Sie ist grenzenlos frei und jedem Computerbesitzer offen. Was nicht bedeutet, dass das Internet ein rechtsfreier Raum ist. Wenn über das Internet Straftaten begangen werden, wird man dafür ebenso bestraft, als wenn man diese Straftat sonst irgendwo begangen hätte.

Warum auf Internet-Explorer 9 umsteigen?

Es gibt drei Gründe warum man einen Browser wechseln sollte. Sicherheit, Bedienungskomfort und Geschwindigkeit. Gut, die Sache mit der Sicherheit können wir nicht abschließend klären und sie ist sicher nur eine Momentaufnahme. Morgen schon können neue und gefährliche Sicherheitslücken in jedem Programm auftauchen. In Punkto Bedienungskomfort kann der Internet-Explorer 9 ganz klar Punkten, wie Sie in diesem Buch noch sehen werden. Subjektiv betrachtet stellt er Internetseiten deutlich schneller dar als z.B. der Internet-Explorer 8.

Was kostet der Internet-Explorer 9?

Die gute Nachricht ist: er ist kostenlos. Entwickelt wird das Programm von Microsoft®. Lange Zeit hinkte Microsoft der Entwicklung bei den Browsern hinterher. Andere Programme, wie z.B. Firefox oder Safari waren dem Internet-Explorer an Komfort, Geschwindigkeit und angeblich auch bei der Sicherheit weit überlegen. Diesmal hat es Microsoft besser gemacht. Die Geschwindigkeit hat mich zu allererst einmal beeindruckt. Beim Bedienungskomfort ist der Internet-Explorer 9 jetzt sicherlich anderen Browsern zumindest ebenbürtig. Was die Sicherheit angeht, sollte man zwei Dinge unterscheiden. Die Sicherheitsmechanismen, die im Browser integriert sind und mich als Anwender davor schützen sollen in irgendeine Falle zu tappen und dann die Sicherheit vor Fehlern im Programm, die von einem Angreifer ausgenutzt werden könnten. Bei den möglichen Sicherheitseinstellungen ist der Internet-Explorer 9 sehr innovativ und auf die neusten Stolpersteine im Internet vorbereitet. Bei der Programmsicherheit an sich, kann ich mir im Grunde kein Urteil erlauben, weil ich sicherlich kein ausgesprochener Sicherheitsexperte bin. Ich wage aber mal eine Prognose. Auch im Internet-Explorer 9 stecken gefährliche Sicherheitslücken, die irgendwann entdeckt und vielleicht auch ausgenutzt werden können. Warum ausgerechnet die Browser immer führend sind bei den anfälligsten Programmen, liegt auf der Hand. Da wir uns mit einem solchen Programm durch das Internet bewegen, ist das natürlich auch die erste mögliche Schnittstelle für einen Angriff auf Ihren Computer. Andere Programme haben auch gefährliche Sicherheitslücken. Da kommt ein potentieller Angreifer aber nur schwer heran. Habe ich

Ihnen jetzt Angst gemacht? Gut so! Seien Sie immer auf der Hut, wenn Sie sich im Internet bewegen. Vor allem dann, wenn Sie in unbekannten Gefilden unterwegs sind oder Sie das Gefühl haben, dass irgendetwas nicht stimmt. Bewegen Sie sich niemals ohne eingeschaltete Firewall und vor allem ein ständig aktualisiertes Anti-Viren-Programm durch die unendlichen Weiten des Internets. Ohne solche Schutzprogramme wird Ihr Computer schneller erfolgreich attackiert als Sie glauben. Das ist keine Frage von Monaten oder Jahren. Machen Sie sich doch mal den Spaß und sehen Sie ins Ereignisprotokoll Ihrer Firewall. Sie werden sich wundern!

Internet-Explorer 9 herunterladen

Die nachfolgenden Schritte sind natürlich nur dann notwendig, wenn der Internet-Explorer 9 auf Ihrem Computer noch nicht vorinstalliert war. Ist er schon vorinstalliert, können Sie gleich mit dem Kapitel *Internet-Explorer 9 starten* weitermachen. Wenn Sie das Programm noch nicht heruntergeladen und installiert haben, müssen Sie zunächst einmal über den Internet-Explorer auf die Downloadseite von Microsoft gelangen. Starten Sie dazu den Internet-Explorer und geben Sie in der Adresszeile die Internetadresse **www.microsoft.de** ein. Sofern Sie Windows Vista oder 7 in einer deutschen Version verwenden, wird das von der Internetseite erkannt und Sie werden automatisch auf eine deutschsprachige Seite weitergeleitet. Wenn der Download nicht schon auf dieser Seite angeboten wird, müssen Sie nach dem Internet-Explorer 9 suchen. Irgendwo auf dieser Seite ist ein Sucheingabefeld. Wenn Sie die Downloadseite gefunden haben, wählen

Sie die für Sie richtige Version aus. In meinem Fall war das Deutsch für **Windows 7 64 Bit** (Pfeil 1). Wenn Sie nicht wissen, ob Sie ein Windows mit 32 Bit oder 64 Bit haben, gibt es mehrere Möglichkeiten das herauszufinden. Bei Notebooks steht das oft auf einem kleinen Aufkleber auf der Gehäuse-Oberseite. Auf Ihrem PC sollte Irgendwo der Windows-Lizenzaufkleber angebracht sein. Bei Notebooks klebt der meist auf der Unterseite. Dort steht oft drauf, um welche Version es sich handelt. Dummerweise aber nicht immer. Wenn es so auch nicht zu finden ist, lohnt sich noch ein Blick auf die Windows-Original-CD. Tja und wenn das auch nicht hilft, starten Sie in der Systemsteuerung das Programm System. Ich habe das hier mal exemplarisch für meinen PC gemacht.

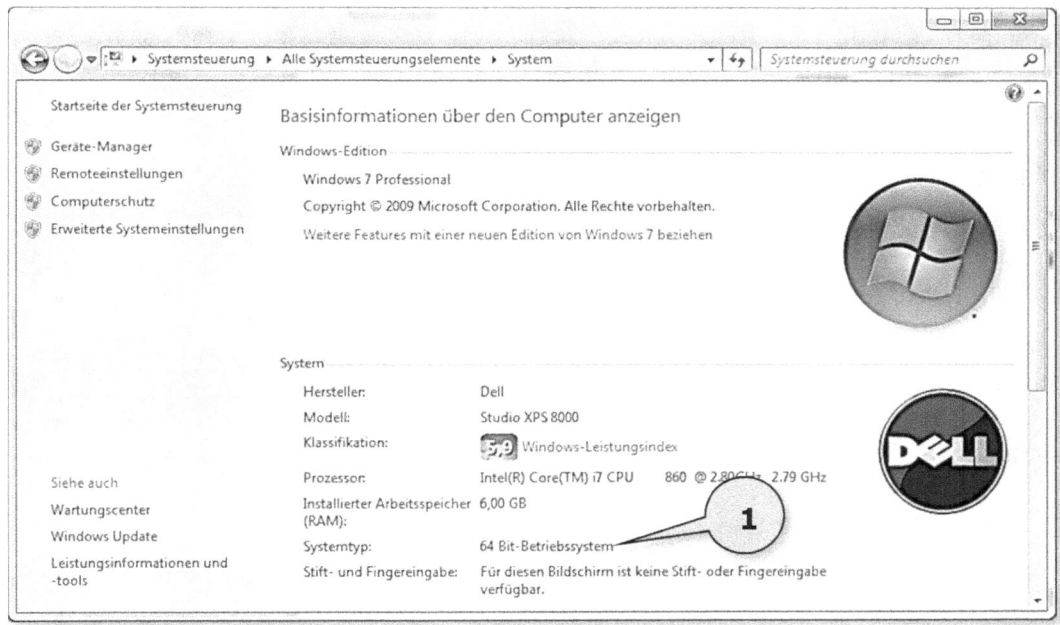

In meinem Fall handelt es sich also um ein 64 Bit-Windows. Unter Windows Vista sieht das nahezu gleich aus. Unter Windows XP gibt es nur wenige 64 Bit-Systeme, da diese Version nur auf wenigen Prozessoren eingesetzt werden kann. Es ist also nicht sehr wahrscheinlich, dass Sie unter XP etwas anderes als ein 32 Bit-System benutzen. Wenn Sie immer noch unsicher sind und niemanden dazu fragen können, sollten Sie die 32 Bit-Version für Ihr Windows herunterladen. Die läuft nämlich auch auf 64 Bit-Maschinen. Wenn Sie sich 100%ig sicher sind, dass Sie ein 64 Bit-System haben, sollten Sie auch die 64 Bit-Version herunterladen und installieren. Sie läuft auf Ihrem Computer dann nämlich noch ein Quäntchen schneller.

Internet-Explorer 9 installieren

Ist der Download beendet, finden Sie in Ihrem Zielverzeichnis dieses Piktogramm. Um die Installation zu starten machen Sie bitte einen Doppelklick auf das Piktogramm. Beachten Sie bitte, dass die Versionsnummer bei Ihnen eine Andere sein kann! Je nach Sicherheitseinstellungen Ihres Computers kann eine Meldung auftauchen, in der Sie gefragt werden, ob Sie zulassen wollen, dass dieses Programm Veränderungen an Ihrem Computer vornimmt. Das müssen Sie jetzt natürlich zulassen. Es kann auch durchaus vorkommen, dass während der Installation Meldungen Ihrer Firewall erscheinen, weil das Installations-programm sich mit einem Microsoft-Server verbinden möchte. Auch das müssen Sie immer zulassen, damit Sie das Programm installieren können.

IE9-Windows7-x64-deu.exe

Und dann geht' auch schon los. Klicken Sie auf die Schaltfläche **Installieren** (Pfeil 1).

Updates werden zusätzlich heruntergeladen. Das kann, je nachdem wie schnell Ihre Internet-Verbindung ist, ein paar Minuten dauern. Also ehrlich gesagt, Sie sollten schon etwas Geduld mitbringen ☺.

Ist die Installation erfolgreich beendet, müssen Sie noch einen Neustart durchführen. Dazu klicken Sie auf die Schaltfläche **Jetzt neu starten** (Pfeil 2).

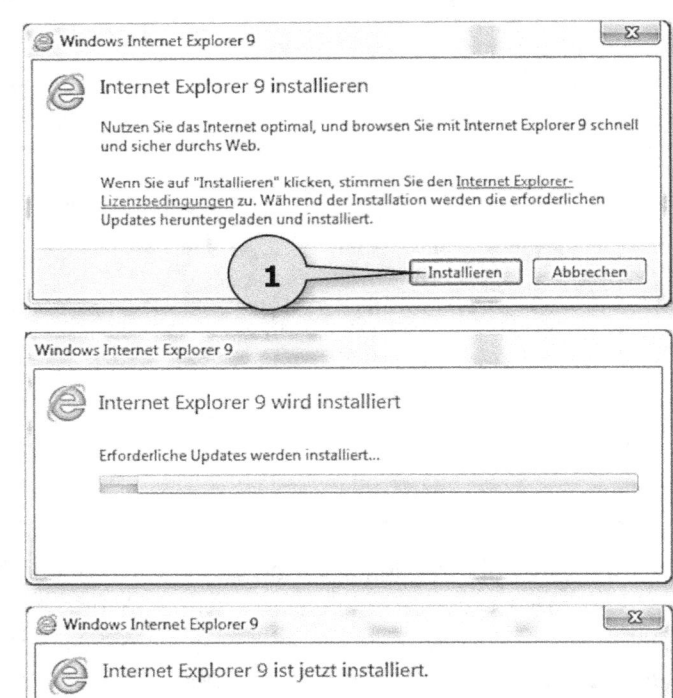

Update auf Internet-Explorer 9

Wenn Sie mit einer älteren Version des Internet-Explorers unterwegs sind und Sie nicht selber nach der Version 9 suchen möchten, wird von Zeit zu Zeit ein Fenster aufgehen, in dem Sie gefragt werden, ob Sie den Internet-Explorer 9 installieren möchten. Dann machen Sie das eben auf diesem Weg.

Internet-Explorer 9 starten

Wenn Sie den Internet-Explorer 9 installiert haben oder vielleicht war er ja auch schon vorinstalliert, können Sie jetzt loslegen. Doppelklicken Sie das Piktogramm des Internet-Explorers auf dem Desktop oder klicken Sie einmal auf das Symbol in der Schnellstartleiste. Ist das Piktogramm weder an der einen noch an der anderen Stelle zu

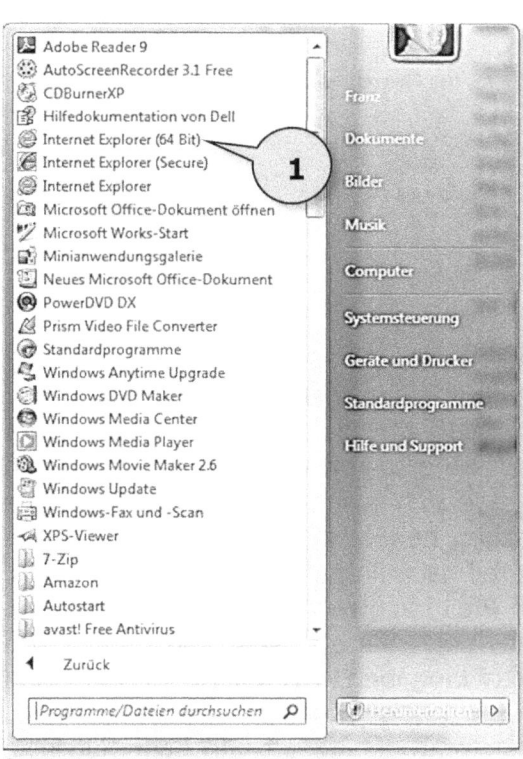

finden, klicken Sie auf **Start/Alle Programme**. Dort finden Sie Ihre Version des **Internet Explorer 9** (Pfeil 1). Klicken Sie das Piktogramm dort einmal an um das Programm zu starten. Das Programm wird gestartet und die Startseite wird geladen, sofern eine eingestellt war. Für den Fall, dass Sie den Internet Explorer 9 nicht vorinstalliert hatten, sondern ihn nachinstalliert haben, wurden alle Einstellungen der alten Version übernommen. D.h. Ihre Startseite(n), Favoriten und auch Einstellungen werden übernommen. Dazu später aber noch mehr.

Internet Explorer 9 für den Hausgebrauch

Und so sieht es dann aus. Vorausgesetzt, Sie hätten die gleiche Startseite eingerichtet wie ich ☺. Aber die Benutzeroberfläche sieht so aus wie hier im folgenden Bild. Was sofort auffällt, ist die äußerst spartanische Aufmachung. Nur wenige Schaltflächen sind zu erkennen. Nicht das Sie jetzt glauben, der Internet-Explorer 9 könne nichts. Er kann. Man muss nur wissen wie. Aber dafür haben Sie ja dieses Buch gekauft.

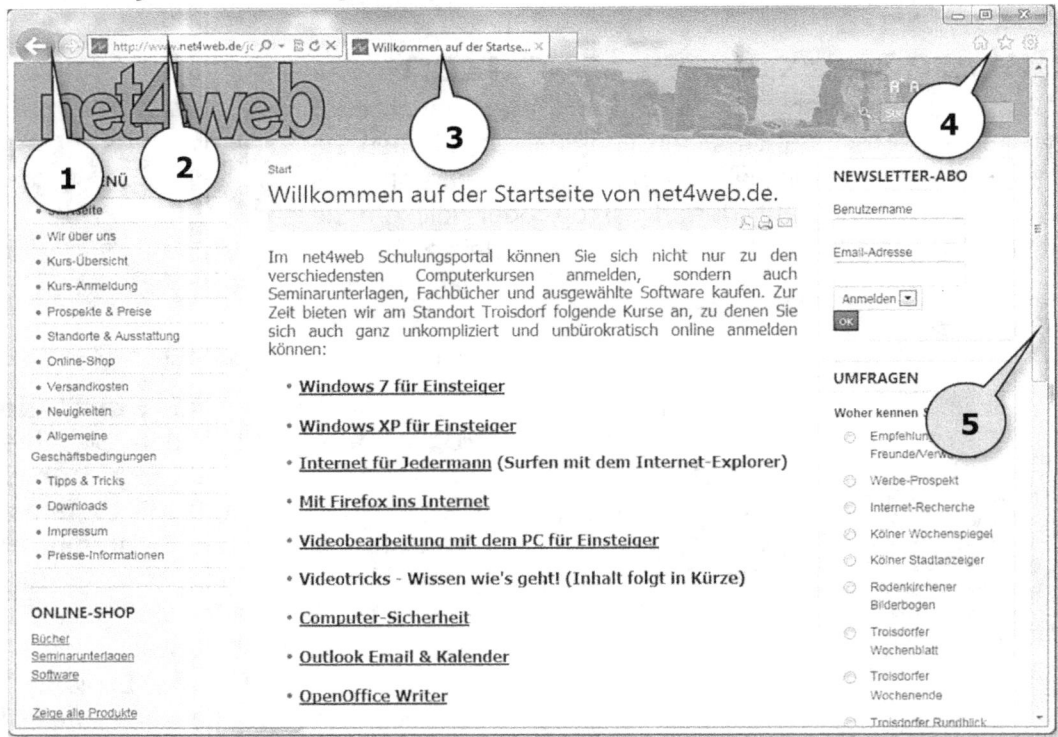

Schauen wir uns mal an, was wir hier geboten bekommen. Den größten Teil der Fläche nimmt natürlich die Internet-Seite auf, die hier geladen wurde. Links oben befinden sich die Vorwärts-Rückwärts-Pfeiltasten (Pfeil 1). Diese Tasten kann man natürlich nur benutzen, wenn man sich schon mal von der Startseite wegbewegt hat. Damit blättern Sie zwischen bereits besuchten Internetseiten hin und her. Klicken Sie einmal auf den Pfeil nach links, wird die Seite geladen, die Sie vor dieser angesehen hatten. Der Pfeil nach rechts dient dazu vorwärts zu blättern. Der kann natürlich nur dann funktionieren, wenn Sie mindestens einmal rückwärts geblättert haben. In das Eingabefeld (Pfeil 2) schreibt man Internetadressen, die man schon kennt. Pfeil 3 Zeigt Ihnen in Form einer Registerkarte den Titel der aktuell angezeigten Internetseite an. Ein paar nützliche

Schaltflächen finden Sie rechts oben in der Ecke (Pfeil 4, vorherige Seite). Ist die angezeigte Internetseite länger als Ihr Bildschirm hoch ist, erscheint automatisch eine Bildlaufleiste (Scrollbalken) (Pfeil 5, vorherige Seite) die Sie verschieben können, um auch den nicht sichtbaren Bereich auf den Bildschirm zu bekommen. Sollte die Internetseite auch breiter sein als Ihr Monitor, erscheint am unteren Bildrand ebenfalls eine Bildlaufleiste.

Nützliche Mausfunktionen

Wie Sie in dem Beispiel auf der vorherigen Seite sehen können, passt die Seite in der Breite prima, ist aber viel länger als der Bildschirm hoch ist. Sie werden heute nur noch selten auf Internetseiten treffen, die sehr breit sind. Lang, länger, am Längsten werden Sie da schon häufiger antreffen. Die Programmierer von Internetseiten haben sich weitestgehend auf das Besucherverhalten und die technischen Gegebenheiten eingestellt. Besucher schätzen es nämlich nicht besonders, wenn sie horizontal scrollen müssen. Vertikales Scrolling ist dagegen kein Problem. Und das liegt ganz simpel gesagt an Ihrer Maus. Hat Ihre Maus ein kleines Rad zwischen den beiden Maustasten? Wahrscheinlich schon. Dieses Rad wird auch gerne als Scrollrad bezeichnet. Wenn Sie sich eine Internetseite betrachten, die am rechten Rand eine vertikale Bildlaufleiste hat, brauchen Sie nämlich nur den Mauszeiger irgendwo in die Internetseite zu bewegen und an dem kleinen Rad zu drehen. Achten Sie darauf, nicht auf eine der Maustasten zu klicken. Nur an dem Rad drehen. In die eine Richtung wird die Seite heruntergescrollt, in die andere Richtung raufgescrollt. Das funktioniert übrigens nicht nur im Internet-Explorer 9, sondern auch in vielen anderen Programmen. Probieren Sie es mal aus. Das spart wirklich viel Zeit. Wo wir gerade bei dem Scrollrad sind ... Was sich manche Internetprogrammierer bei der Schriftgröße, die sie in Internetseiten verwenden denken, weiß ich ja auch nicht. Ich gehöre ja mittlerweile auch zur Generation der Brillenträger und frage mich oft sarkastisch, ob die Schrift nicht noch kleiner sein könnte ☺. Geht`s Ihnen manchmal auch so? Da können Sie schnell Abhilfe schaffen. Halten Sie doch mal auf Ihrer Tastatur die **Strg**-Taste gedrückt. Sie ist links und rechts je einmal auf Ihrer Tastatur. Bei manchen Tastaturen steht auch **Ctrl** drauf. Und jetzt drehen Sie mal am Rad ☺. In Verbindung mit der **Strg**-Taste können Sie die Vergrößerung beeinflussen. Drehen Sie in die eine Richtung, zoomen Sie heraus, in die andere Richtung hinein.

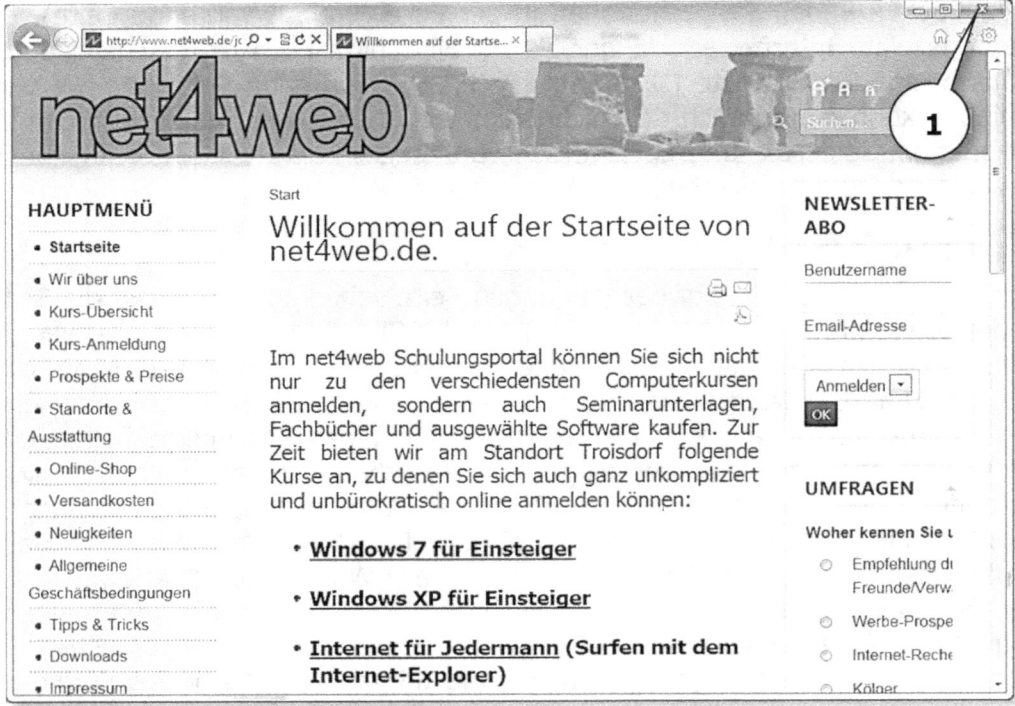

Also jetzt kann ich es auch ohne Brille lesen ☺. Wenn Sie die Seite wieder in der Originalgröße sehen wollen, halten Sie einfach die Strg-Taste gedrückt und tippen einmal kurz auf die 0 (Null, nicht auf das o). Und schon ist die Größe wieder auf 100%. Das Zoomen geht aber noch anders. Kriegen wir aber erst später in diesem Buch.

Internet-Explorer 9 beenden

Auch im Internet-Explorer 9 gibt es viele Wege, dass Programm zu beenden. Je nachdem, was Sie vorher eingestellt haben, passieren aber Dinge, die Sie so vielleicht noch nicht gesehen haben. Im oberen Beispiel haben wir eine Internetseite geöffnet. Klicken Sie auf rechts oben auf das kleine x (Pfeil 1), wird das Programm beendet. Soweit so gut. Das Gleiche passiert auch, wenn Sie in der Schnellstartleiste auf dem Piktogramm des Internet-Explorers einen kurzen

Rechtsklick machen und den Befehl **Fenster schließen** anklicken (Pfeil 2). Das kann auch anders kommen. Lesen Sie sich dazu auch das Kapitel *Internetoptionen/Registerkarten* durch.

Die erste Internetadresse

Eine Internetadresse, die man kennt, gibt man in die Adressleiste oder auch Eingabeleiste genannt ein. Internetadressen, die man nicht kennt, sucht man z.B. über Google. Ich schreibe das hier nicht umsonst. Viele Anfänger machen nämlich genau das falsch. Sie kommen meist zwar auch zum Ziel, es ist aber umständlich. Viele Anwender haben Google als Startseite eingerichtet, weil sie häufig nach irgendetwas suchen wollen. Das ist völlig in Ordnung. Ich mache das auch so.

Meistens ist es so, dass nach dem Start des Internet Explorers und der Startseite von Google (www.google.de) der Cursor in der Eingabezeile (Pfeil 1) der Google-Seite blinkt. Vielleicht ist es das, was die Anwender dazu verleitet eine Internetadresse dort einzugeben. Oder vielleicht liegt es auch daran, dass die Eingabezeile etwa in der Mitte des Bildschirms ist. Ich weiß es nicht genau. Aber in meinen Internetkursen stelle ich immer wieder fest, dass die Hälfte der Kursteilnehmer genau dort eine bekannte Internetadresse eingibt und dann auf die Schaltfläche **Google-Suche** (Pfeil 2) klickt. Eine bekannte Internetadresse gehört da nicht hin! Eine bekannte Internetadresse gehört in die Adressleiste. Nämlich dort, wo jetzt im Moment **http://www.google.de/** steht (Pfeil 3). Google wird das egal sein. Blenden sie doch bei jeder Ergebnisseite auch Werbung ein, die sie gut bezahlt bekommen. Und wer bezahlt diese Werbung letztendlich? Genau. Sie und ich. Also machen wir das zukünftig besser. Wissen Sie, wie Fachleute solche überflüssigen Suchanfragen nennen: Das sind die Dummenanfragen. Net nicht wahr? Wenn ich also eine Internetadresse kenne, gebe ich sie zukünftig direkt in die "richtige" Adressleiste ein. Die Internetadresse ist so etwas wie eine Postanschrift. Die Eingabe dieser Anschrift verzeiht aber keine Fehler. Ist nur ein Zeichen falsch, erhalten Sie eine Fehlermeldung oder landen schlimmstenfalls auf einer Seite, auf die Sie nie wollten. Dazu aber später noch mehr. Fragt sich noch, was Sie denn da genau eingeben müssen? Nehmen wir einmal an, Sie möchten auf meine Internetseite von net4web. Ausgeschrieben lautet die Internetadresse: http://www.net4web.de/. Wer kann sich schon das http-gedöns am Anfang der Adresse merken? Deshalb können Sie es einfach weglassen. Ihr Betriebssystem wird das http:// automatisch vor die Adresse setzen. Geben Sie in die Adressleiste einfach **www.net4web.de** ein und drücken Sie anschließend einmal auf die **Enter**-Taste Ihrer Tastatur. Schon wird die Internetseite net4web geladen.

Mit den meisten Internetadressen geht es noch kürzer. Auch hier reicht es, als Adresse **net4web.de** einzugeben und dann **Enter** auf der Tastatur zu drücken.

Das klappt aber noch nicht mit allen Internetadressen. Deshalb müssen Sie manchmal noch das www. davor setzen. Probieren Sie es einfach aus. Vier Zeichen weniger eingeben zu müssen reduziert Fehler und spart Zeit.

Schauen wir uns die komplette Internetadresse mal genau an.

http://www.net4web.de

http steht für **H**yper**t**ext **T**ransport **P**rotokoll. www bedeutet **W**orld**W**ide**W**eb und legt damit fest, dass es sich hier um eine Internetseite handelt. Dann kommt der Name, in unserem Beispiel net4web und zum Schluss haben wir noch die Buchstaben de. Die entsprechen einer nationalen Kennung. Die eigentliche Adresse, hier net4web, bezeichnet man auch als die Domain und die nationale Kennung als Topleveldomain. Die Punkte, Doppelpunkte und Schrägstriche dienen dem Browser zur Trennung der einzelnen Bereiche. In Internetadressen werden alle Buchstaben klein geschrieben. Es gibt keine Leerzeichen und Sie sollten auch nicht den Punkt mit dem Komma verwechseln. Wie schon gesagt: Das Programm verzeiht solche Fehler nicht. Geben Sie Internetadressen immer sorgfältig ein. Das kann mal wichtig werden. Dazu später noch mehr. Stellt sich jetzt noch die Frage, wie man eine neue Internetadresse in die Adressleiste eingibt, wenn da schon eine andere Adresse drinsteht? Nun, das ist abhängig davon, was Sie vorher mit der Maus gemacht haben. Es gibt also verschiedene Möglichkeiten. Wenn Sie z.B. nach dem Laden einer Internetseite nichts Weiteres angeklickt haben, können Sie einfach genau auf die Internetadresse oder etwas dahinter klicken. Sie müssen sich mit dem Mauszeiger nur genau in der Adresszeile befinden. Ein, und ich meine nur ein Klick reicht um die komplette Internetadresse blau einzufärben (Pfeil 1).

Ab hier verhält sich die Adresszeile wie die gute alte Textverarbeitung. Wenn Sie irgendeine Taste auf Ihrer Tastatur drücken, verschwindet alles was blau markiert ist und nur die erste Taste erscheint dort. Nehmen wir mal an, ich möchte auf die Seite vom Westdeutschen Rundfunk (www.wdr.de). Durch einfachen Klick habe ich die Internetadresse blau markiert. Drücke ich jetzt die Taste **w** auf der Tastatur, verschwindet die Adresse und es steht nur noch ein **w** (Pfeil 2) an der Stelle und der Cursor blinkt langsam vor sich hin. Danach kommen dann natürlich noch **dr.de** ☺ um die Adresse zu vervollständigen.

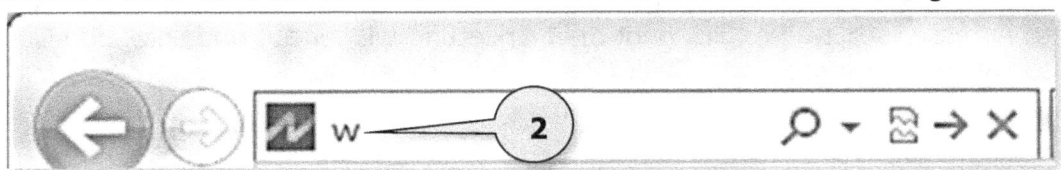

Wie in einer Textverarbeitung signalisiert Ihnen der blinkende Cursor die Stelle, an der Sie etwas schreiben können.

Ich weiß ja nicht, wie es Ihnen geht, aber ich habe manchmal scheinbar zu dicke Finger und verschreibe mich dann bei der Internetadresse. Egal ob man das sofort bemerkt oder erst nachdem man die falsche Seite geladen hat oder gar keine ☺. Es gibt keinen Grund die ganze Adresse neu zu schreiben. Kann man natürlich machen, wenn man will. Wenn man aber nicht will und ich lege jetzt einfach mal fest, dass Sie gerade nicht wollen ☺, dann helfen folgende Vorgehensweisen.

Wie Sie oben sehen, habe ich einen Buchstaben zu viel (Pfeil 1) in der Adresszeile. Ich habe aber noch nicht die **Enter**-Taste gedrückt um die Seite zu laden. Ich kann nun entweder mit der Maus an die entsprechende Stelle klicken, dann blinkt der Cursor dort und ich kann die Eingabe korrigieren. Ich kann aber auch die Pfeiltaste nach links, unten auf der Tastatur, benutzen um den Cursor an die richtige Stelle zu bringen oder wenn schon zu viel falsch ist, kann ich auch die Backspace-Taste benutzen, um die Zeichen links vom blinkenden Cursor zu löschen und meine Korrekturen durchzuführen.

Habe ich schon die **Enter**-Taste gedrückt habe ich zwei andere Möglichkeiten. Ist die Adresse sehr kurz oder es sind zu viele Zeichen falsch geschrieben, kann ich mit einem Mausklick die ganze Adresse markieren und dann neu eingeben. Ganz so, als ob ich eine ganz neue Adresse eingeben will.

Ist die Adresse sehr lang oder es ist nur ein Zeichen falsch, klicke ich zweimal, aber langsam, an die Stelle, wo der Fehler ist. Der erste Klick markiert die ganze Adresse, der zweite Klick hebt die Markierung wieder auf und setzt den Cursor an die entsprechende Stelle. Jetzt kann ich an der Stelle, wo der Cursor blinkt, meine Korrekturen vornehmen.

Und dann gibt es da noch eine geniale Funktion, wenn man sich so etwas gut merken kann. Wenn Sie die Taste **F6** Ihrer Tastatur drücken, springt der Cursor in die Adresszeile und markiert dort die komplette Adresse. Der Inhalt der Adresszeile wird überschrieben, sobald Sie zu tippen anfangen.

Noch mehr neue Internetadressen

Mit der Zeit werden Sie eine Menge Internetseiten besuchen. Manche von ihnen vielleicht auch öfter. Da wird es Sie freuen, dass der Internet Explorer 9 ein ziemlich gutes Gedächtnis hat. Das Programm merkt sich nämlich alle kürzlich besuchten Internetseiten und bietet Ihnen schon während der Eingabe der Adresse eine Auswahl an.

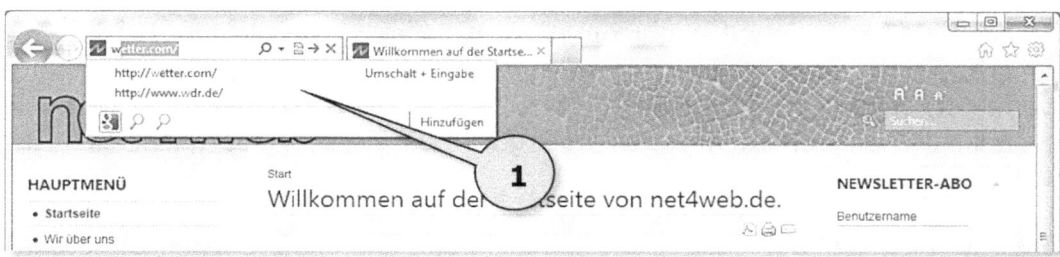

Vom ersten Zeichen an, das Sie in die Adresszeile schreiben, öffnet sich ein PullDownMenü (Pfeil 1), in dem Sie alle Internetseiten, die Sie schon einmal besucht haben und auf die Ihre Eingabe zutrifft, wieder finden. Je mehr Zeichen Sie eingeben, desto weniger Treffer bleiben übrig. Die Seiten, die Sie am häufigsten besuchen, werden dabei ganz oben angezeigt. Ist die gesuchte Adresse dabei, müssen Sie diese nur noch anklicken und schon wird sie geladen. Die Internetadresse, zu der Ihre Eingabe passt und die Sie am häufigsten besuchen, wird gleichzeitig in die Adressleiste eingefügt. Ist das Ihre gewünschte Adresse, können Sie auch einfach einmal auf die **Enter**-Taste Ihrer Tastatur drücken um die Seite zu laden.

Woher bekomme ich Internet-Adressen?

Um an Internet-Adressen zu kommen, muss man sich heute nicht mehr anstrengen. Keine Werbung im Fernsehen oder in Zeitschriften, in denen nicht eine Internet-Adresse angepriesen wird. Auch auf Geschäftsbriefen und Visitenkarten werden Sie heute fast immer auch eine Internet- und/oder eine Email-Adresse finden. Bekannte Marken haben auch ebenso prägnante Domains. So finden Sie die Firma Ford unter **www.ford.de**, Aldi unter **www.aldi.de** und die Deutsche Bahn unter **www.bahn.de**. Was Sie nicht finden werden ist z.B. **www.4711.de**, da Domainnamen, die nur aus Zahlen bestehen, in Deutschland nicht registriert werden können. In den USA geht das aber schon. Dort ist die Domain **www.4711.com** registriert. Bekannte Persönlichkeiten haben oft eine eigene Homepage. So werden Sie unter **www.borisbecker.de** auf die Homepage des bekannten Ex-Tennisspielers geraten und über die Domain **www.gerhardschroeder.de** werden Sie immerhin auf die Internetseite der SPD umgeleitet. Bei Städten können Sie davon ausgehen, dass diese über eine eigene Internetadresse verfügen. Selbst kleine Gemeinden haben ein solches Portal. Probieren Sie doch einmal die Adressen **www.rodenkirchen.de** oder **www.huerth.de**. Manchmal kann man durch solche Namen aber auch geblendet werden. Wer z.B. unter **www.whitehouse.com** die Internetseite des amerikanischen Präsidenten oder wenigstens des Weißen Hauses in Washington vermutet, wird überrascht sein, dort auf etwas ganz anderes zu stoßen. Alle amerikanischen Behörden enden auf .gov. Das Weiße Haus findet sich also unter **www.whitehouse.gov**.

Internet-Adressen auf diese Art zu sammeln und dann aufzusuchen ist natürlich höchstens geeignet um mal neugierig einen Blick auf solche Internet-Seiten zu werfen. Wenn man aber ein Interesse daran hat, ganz zielgerichtet zu einem Thema nach Informationen zu suchen, ist es eher unwahrscheinlich, dass Sie über eine solche Adresse die gewünschten Seiten finden. An dieser Stelle kommen die Suchmaschinen ins Spiel. Ohne sie geht heute im Internet nichts mehr. Das Angebot an Internetseiten ist gewaltig. So gewaltig, dass man schon Probleme bekommt gesuchte Informationen schnell oder sogar überhaupt zu finden. Große Suchmaschinen wie etwa Google haben mehrere Milliarden (kein Schreibfehler) Internetseiten indexiert. Das bedeutet, dass Sie alle diese Internetseiten nach den von Ihnen gewünschten Suchbegriffen durchsuchen können. Hinter diesen Suchmaschinen stehen gewaltige Rechenzentren, die Ihnen die gewünschten Informationen in Sekundenschnelle bereitstellen.

Was ist ein Link?

Wenn man auf einer Internetseite gelandet ist, stellt sich natürlich die Frage, wie geht's denn nun weiter. Ähnlich wie bei einem Buch verbergen sich hinter einer Startseite (Beim Buch – Titelseite) meist weitere Seiten. In den meisten Fällen sind Internet-Seiten sehr strukturiert aufgebaut. Irgendwo im oberen Bereich oder an der linken Seite der Internet-Seite finden Sie eine so genannte Navigationsstruktur. Dummerweise gibt es auch Internet-Programmierer, die bei jeder Internet-Seite glauben, sie müssten das Rad neu erfinden und experimentieren mit mehr oder weniger intelligenten Navigationen herum.

Internet Explorer 9 für den Hausgebrauch

Sind die Internet-Seiten stark textorientiert, werden Sie in der Regel Wörter finden, die die Schriftfarbe Blau haben und auch noch unterstrichen sind. Das sind fast immer so genannte Links, also Verweise, die auf eine andere Internetseite führen, wenn man sie genau anklickt. Ganz dumme Internet-Programmierer unterstreichen auch schon einmal Wörter in einem Fließtext, obwohl diese dann nicht zu einer anderen Internetseite führen. Manchmal werden Links im Text auch nur farblich hervorgehoben. Oder sie verändern ihr Aussehen, wenn man mit der Maus darüber fährt. Tja und dann gibt's auch noch Links, die wie Symbole aussehen oder sich sogar als Bilder vorstellen. Auf den ersten Blick sind diese Links oft schwer zu erkennen. Es gibt aber einen ganz einfachen Trick. Wenn Sie sich nicht sicher sind, ob und wenn ja, wo auf einer Internet-Seite ein oder mehrere Links verborgen sind, bewegen Sie die Maus langsam über Objekte, hinter denen Sie Links vermuten.

Verändert sich der Mauszeiger vom einfachen Pfeil ⌂ zu einer zeigenden Hand ☝, dann ist dort garantiert ein Link. Wo dieser hinführt, können Sie außerdem links unten in der Statuszeile erkennen.

Linkbeispiele

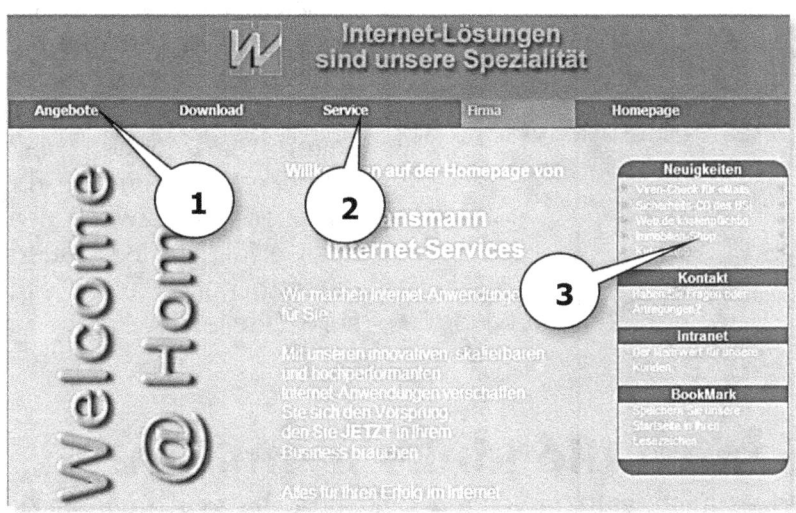

Im linken Beispiel sehen wir eine Internet-Seite, bei der sich, im oberen Bereich, eine Navigationsleiste befindet und sich Menüs aufklappen, wenn man diese Links aufklappt Pfeile 1 & 2). Zusätzlich befindet sich im rechten Bereich eine Informationsleiste (Pfeil 3).

Internet Explorer 9 für den Hausgebrauch

In dem rechten Beispiel sind alle Links als Grafiksymbole (Pfeile 1 & 2) ausgeführt. Wenn Sie die Maus darüber bewegen, verändern diese Symbole sogar ihr aussehen.

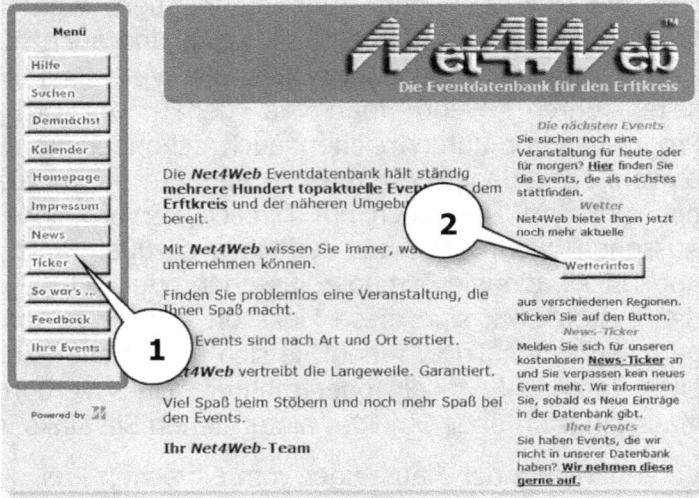

Die Google-Seite (linkes Beispiel) ist bis auf eine Grafik völlig textbasiert. Sie ist das klassische Beispiel für eine Internet-Seite, die ohne viele Schnörkel auskommt, dafür aber ihren Zweck perfekt erfüllt. Alle blauen, unterstrichenen Texte sind Links (Pfeile 3 & 4).

Wo führen mich die Links denn hin?

Manchmal interessiert es mich, wohin mich ein Link führt, bevor ich darauf klicke. Im unteren Beispiel habe ich den Mauszeiger auf einen Link bewegt (Pfeil 1), aber nicht darauf geklickt. Ich zeige nur darauf. Am unteren Fensterrand wird daraufhin ein kleines Hilfsfenster eingeblendet (Pfeil 2). Dort können Sie erkennen, wo ein Link hinführt. In ältern Internet-Explorer-Versionen gab es dafür die Statuszeile. Egal, wo Sie den Mauszeiger innerhalb einer Internetseite auf einem Link verweilen lassen, dieses Hilfsfenster erscheint immer dort unten.

Es gibt verschiedene Ziele für Links. Die Häufigsten sind sicherlich Verweise auf andere Internetseiten. Es gibt aber auch eine ganze Reihe von Sonderformen. Nehmen wir z.B. mal Dateidownloads. Wenn Sie eine Datei aus dem Internet downloaden wollen, öffnet sich der Dateimanager. Dieser sieht genauso aus, wie in jedem anderen Programm unter Windows, in dem Sie irgendetwas speichern können. Suchen Sie sich einfach einen Speicherort aus und ändern Sie den Dateinamen, wenn Ihnen der Vorgeschlagene nicht gefällt. Eine Sonderstellung nehmen so genannte PDF-Dokumente ein. Sie können zum einen auf der Festplatte gespeichert werden, können aber auch unter gewissen Umständen direkt im Internet Explorer 9 betrachtet werden. Dazu benötigt man den Adobe Reader. Das Programm finden Sie unter **www.adobe.de** im Internet. Dieses Programm ist kostenlos. Es dient dazu, PDF-Dokumente anzusehen und auch auszudrucken (sofern der Autor den Druck erlaubt hat). Der Adobe Reader installiert sich als PlugIn. Klingt gefährlicher als es ist ☺. Die Installation ist kinderleicht und das Programm wird automatisch gestartet, wenn Sie auf einen Link klicken, hinter dem sich ein PDF-Dokument verbirgt. Das PDF-Format ist sehr weit verbreitet. Sie werden kaum einmal Prospekte oder Beschreibungen finden, die in einem anderen Format abgelegt wurden. Für den Autor hat das Format viele Vorteile. Zum einen ist das Format für jeden kostenlos lesbar, weil der Adobe Reader kostenlos ist. Außerdem kann er seine Dokumente gegen Veränderung oder Missbrauch schützen. Und wenn der Autor will, kann er das Öffnen der Dokumente auch durch Kennwort schützen. Manche Links führen auch in ein offenes Verzeichnis, in dem Sie dann nur die Datei- oder Verzeichnisnamen sehen und diese anklicken können. Das kommt aber nur noch sehr, sehr selten vor. Wenn ein Link z.B. direkt auf eine Bilddatei zeigt, dann wird diese ganz allein, ohne HTML-Gerüst in einem Fenster des Internet-Explorers angezeigt. Sollte das Bild für das Fenster zu groß sein, wird es automatisch auf die günstigste Größe herunter skaliert. Wenn Sie dann den Mauszeiger auf das Bild bewegen, erscheint ein kleines Lupensymbol. Klicken Sie dann auf die linke Maustaste, wird das Bild in voller Größe dargestellt.

Woran erkennt man den Link-Typ?

Bei datenbankgestützten Internetseiten erkennt man den Linktyp oft nicht, weil der Link einfach auf eine Datenbank zeigt oder auf ein HTML-Gerüst. Bei statischen Seiten erkennt man das an der Dateinamensendung:

name.pdf – es handelt sich um ein PDF-Dokument
name.jpg – ein Bild im JPG-Format, wahrscheinlich ein Foto, maximal 16,7 Millionen Farben
name.gif – ein Bild im GIF-Format, wahrscheinlich gezeichnet, maximal 256 Farben
name.xls – eine Excel-Datei
name.xlsx - eine Excel-2007 oder Excel-2010-Datei
name.doc – eine Word-Datei
name.docx - eine Word-2007 oder Word-2010-Datei
name.zip – eine gepackte Datei, in der eine oder mehrere Dateien drinstecken können
name.exe – ein ausführbares Programm, prüfen Sie ob die Seite vertrauenswürdig ist!!!
name.htm – eine Internetseite
name.html – eine Internetseite
name.shtml – eine sichere Internetseite, wahrscheinlich mit SSL-Verschlüsselung
name.mp3 – eine Musikdatei

name.avi – eine Videodatei, die mit dem Windows Media-Player gestartet werden kann
name.mpg – eine Videodatei, die mit dem Windows Media-Player gestartet werden kann
name.mov – eine Videodatei, die mit dem Realplayer gestartet werden kann

Auch Email-Adressen sehen wie ein „normaler" Link aus. Klickt man sie an, öffnet sich direkt das eigene Email-Programm und die Email-Adresse des Empfängers steht bereits im An:-Feld des Programms. Auch diese Links kann man vor einem Klick erkennen. Irgendwo in der Adresse steht dann **mailto:**

Link-Demo

Rufen Sie doch mal die Internetseite **www.net4web.de/demo/demo.html** auf. Auf dieser Seite sind verschiedene Links, die zu verschiedenen Datei-Typen führen. Bewegen Sie zunächst den Mauszeiger auf den Link aber klicken Sie noch nicht darauf. In der Statuszeile können Sie jetzt sehen, wo der Link Sie hinführt.

Die PDF-Datei (demo.pdf) können Sie nur aufrufen, wenn Sie den kostenlosen Adobe Reader installiert haben. Das PDF-Format ist das Standard-Dokumenten-Format im Internet. Es ist kein Prospekt und keine Anleitung im Internet zu finden, die nicht in diesem Format daher kommt.

Die EXE-Datei (demo.exe) ist in unserer Beispielseite ein kleines, harmloses Programm. Das können Sie mir ruhig glauben ☺. EXE-Dateien sind aber grundsätzlich potentiell gefährlich. Wenn Sie auf eine EXE-Datei stoßen, überlegen Sie lieber zweimal, ob die Quelle vertrauenswürdig ist. Auch ein Virus kommt als EXE-Datei daher.

Die ZIP-Datei (demo.zip) ist eine komprimierte Datei oder sogar mehrere komprimierte Dateien. Man kann Sie zunächst mal gefahrlos speichern. Bevor man sie aber entpackt, sollte man sich ebenfalls Gedanken um die Vertrauenswürdigkeit der Quelle machen. In einer ZIP-Datei können ja auch EXE-Dateien stecken.

Die JPG-Datei (demo.jpg) ist ein Bild. Klickt man einen JPG-Link an, wird das Bild alleine in einem Fenster des Internet-Explorers angezeigt. Will man ein solches Bild auf der eigenen Festplatte speichern, braucht man nur, den Mauszeiger darauf zu bewegen, einmal kurz die rechte Maustaste zu drücken, den Befehl Bild speichern unter ... aufzurufen und schon kann man das Bild am gewünschten Ort mit dem gewünschten Namen speichern.

Der Mailto:-Link funktioniert nur dann, wenn Sie Ihre Email mit einem Programm auf Ihren PC runter laden. Solche Programme wären z.B. Outlook, Outlook-Express, Thunderbird, Windows-Mail oder Opera. Es funktioniert nicht, wenn Sie Ihre Mails über einen Online-Dienst wie z.B. GMX-Mail, Google-Mail, Web.de oder Hotmail abrufen.

Der Verzeichnis-Link, ich nenne den jetzt mal so, führt Sie in ein Verzeichnis (Ordner) auf meinem Web-Server. Dort sind einige Musikdateien bereitgestellt. Da ich der Rechteinhaber an dieser Musik bin, erlaube ich Ihnen das Herunterladen zu Schulungszwecken in Verbindung mit diesem Buch. Wenn Sie einen Linksklick auf eine der Dateien machen, wird diese in einem Programm abgespielt. Wenn Sie einen kurten Rechtsklick darauf machen, können Sie die Datei irgendwo auf Ihrer Festplatte abspeichern.

Der Link zum Web-Shop bringt Sie in einen Online-Laden, in dem Sie nach Herzenslust einkaufen können ohne eine Rechnung dafür zu bekommen. Geben Sie aber bitte keine reale Bankverbindung oder Kreditkartennummer ein ☺. Ich betreibe diesen Shop nur für Schulungszwecke. Alle Web-Shops funktionieren mehr oder weniger ähnlich. Probieren Sie es ruhig einmal aus. Wenn Sie eine Bestellung abschließen, bekommen Sie und ich jeweils eine Email mit den Bestellinformationen. Ich leite Ihnen meine Email gerne weiter, damit Sie auch mal sehen können, welche Informationen denn bei einer Firma ankommen, wenn Sie eine Bestellung auslösen.

Was kann der Internet Explorer 9?

Zunächst mal: Er kann alles, was andere Browser auch können. Manches kann er besser, vieles auf jeden Fall schneller. Er enthält viele Funktionen, die einem den Aufenthalt im Internet angenehmer und flexibler gestalten können. Ganz hartnäckig hält sich auch das Gerücht, er wäre sicherer als andere Browser. Letzteres kann ich nicht beurteilen. Allerdings habe ich ihn in einem Newsletter einer namhaften PC-Zeitschrift unter dem Titel "Das dreckige Duzend" gefunden. Dort war er in illustrer Gesellschaft einiger anderer Browser. Schauen wir uns jetzt mal etwas genauer an, was wir hier geboten bekommen. Da steckt nämlich viel mehr im Detail, als man das zunächst wahrnimmt.

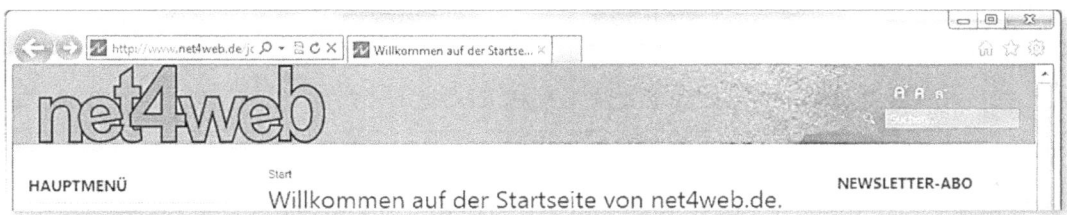

Vor- Zurück-Schalter

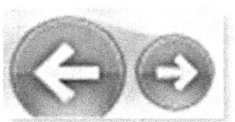

Links oben im Browserfenster befinden sich diese beiden Schaltflächen. Sie dienen dazu, vorwärts bzw. rückwärts zu blättern, also zu bereits besuchten Internetseiten mit einem einzigen Mausklick zurück zu gehen. Diese Schaltflächen sind nur aktiv, wenn es auch was zu blättern gibt. Wenn Sie die Startseite noch nicht verlassen haben, können Sie auch weder vorwärts noch rückwärts blättern. Solange Sie sich nicht von der Startseite wegbewegt haben, sind die Schaltflächen auch nicht dunkelblau, sondern blass dargestellt.

Die Addresszeile

Die Adresszeile ist recht kurz. Wenn Sie Ihnen zu kurz ist … kein Problem. Gehen Sie auf die hintere Kante der Adresszeile (Pfeil 1). Ziehen Sie diese Kante mit gedrückter linker Maustaste so weit nach rechts, wie es geht oder Sie es mögen.

Schon besser.

Wenn Sie zu irgendeinem Thema etwas recherchieren wollen, müssen Sie nicht erst die Startseite einer Suchmaschine aufsuchen. Die Adresszeile ist nämlich so etwas wie eine Multifunktionszeile. Sie können Suchbegriffe gleich dort eingeben. Wie Sie im folgenden Bild sehen, habe ich drei Suchbegriffe eingegeben, weil ich die Internetseite dieser Einrichtung suche. Die drei Begriffe sehen ja nun nicht gerade aus, wie eine Internetadresse.

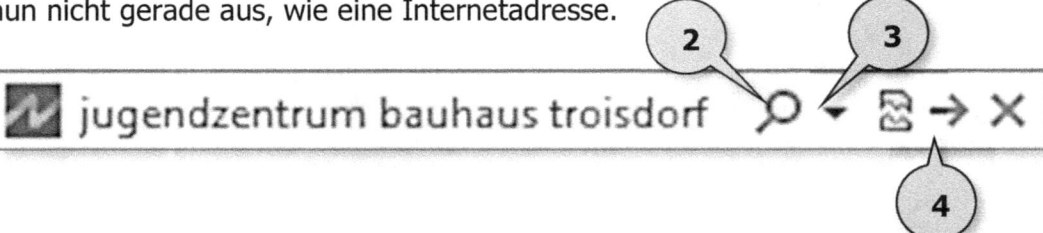

Wenn Sie nun auf die Lupe (Pfeil 2) klicken oder die **Enter**-Taste Ihrer Tastatur drücken, wird automatisch nach Internet-Seiten gesucht, auf die diese Suchbegriffe zutreffen. In meinem Fall ist Google der Suchdienst, den ich eingestellt habe. Wie Sie den Suchdienst Ihrer Wahl einstellen können, erkläre ich Im Kapitel ***Suchdienst einstellen***. Wenn Sie mehrere Suchdienste installiert haben, Können Sie auf den kleinen Pfeil hinter der Lupe (Pfeil 3) klicken. Das öffnet ein Menü mit allen, zu Ihren Eingaben passenden Internetseiten, die Sie bereits einmal besucht haben, sowie einer Liste der installierten Suchdienste. Die Suchdienste sind am unteren Rand dieses Menüs und als solche oft nicht leicht zu erkennen. Sie einfach einmal auf den Gewünschten drauf und die Suche beginnt. Als Ergebnis bekommen Sie, egal wie Sie sich entscheiden, eine Ergebnisseite des jeweiligen Suchdienstes angezeigt.

Internet Explorer 9 für den Hausgebrauch

Erst wenn Sie den Mauszeiger auf einem der kleinen Lupensymbole (Pfeil 1) verweilen lassen, sehen Sie, welcher Suchdienst dahinter steckt (Pfeil 2).

Das kleine Symbol, es sieht aus, wie ein zerrissenes Blatt Papier (Pfeil 3) dienst dazu, die gerade angezeigte Internetseite. In der so genannten *Kompatibilitätsansicht* darzustellen.

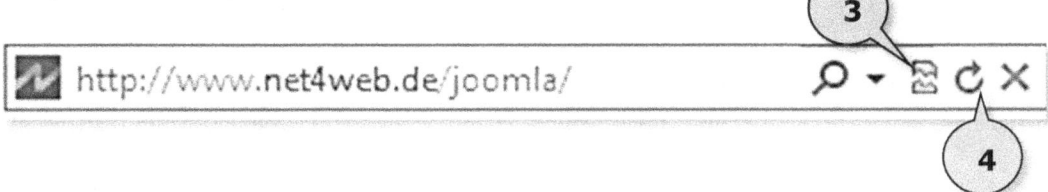

Das gab es auch schon bei älteren Internet Explorer-Versionen. Wenn Sie den Eindruck haben, eine Internetseite wird nicht korrekt dargestellt (oft merkt man das gar nicht, weil man die Seite nicht kennt), lohnt es sich, mal auf diese Schaltfläche zu klicken, um zu sehen, ob die Seite „besser" dargestellt wird. Jeder Internetprogrammierer kocht sein eigenes Süppchen. Manchmal werden auch Techniken eingesetzt, die nicht zu 100% kompatibel zu irgendwelchen Standards sind. Mit der Kompatibilitätsansicht lässt sich da manches ausbügeln. Der Internet Explorer 9 ist schon äußerst tolerant, was Programmierfehler und Abweichungen von Standards angeht. Es hat aber alles seine Grenzen. Manchmal denke ich, es wäre besser, wenn die Browser keine Toleranzen hätten. Dann würden die Internetprogrammierer sauberer arbeiten ☺.

Das nächste Symbol in der Adresszeile sieht mal so aus wie oben bei Pfeil 4 oder manchmal auch wie auf der vorherigen Seite bei Pfeil 4. Wie auf der vorhergehenden Seite sieht es immer dann aus, wenn Sie eine Internetadresse eingeben, die Seite aber noch nicht geladen wurde. Ein Klick auf das Symbol ist

dann identisch mit einem Tipp auf die Enter-Taste Ihrer Tastatur. Der gedrehte Pfeil erscheint dann, wenn die Seite schon geladen ist. Ein Klick auf dieses Symbol bewirkt, dass die dargestellte Seite neu geladen wird. Sie fragen sich, wozu das denn gut ist? Da gibt es schon ein paar Beispiele. Stellen Sie sich mal vor, Sie möchten etwas bei Ebay ersteigern. Oft ist es so, dass in der letzten Minute vor Auktionsende richtig die Post abgeht. Da ist es ganz nützlich, die dargestellte Seite schnell aktualisieren zu können, damit man nicht verpasst, wo sich der Preis hin bewegt. Der Preis aktualisiert sich nämlich nicht automatisch auf den Angebotsseiten. Oder stellen Sie sich vor, eine Internetseite wird nicht dargestellt. Dann klickt man nochmal auf den Aktualisieren-Pfeil. Und wenn die Seite dann immer noch nicht dargestellt wird, andere Seiten aber schon, dann ist der Server dieser Internetseite entweder überlastet oder außer Betrieb. Versuchen Sie es in so einem Fall einfach später noch mal. Vielleicht ist die Internetseite dann ja wieder erreichbar.
Statt auf den Aktualisieren-Pfeil zu klicken, können Sie auch auf Ihrer Tastatur die Taste **F5** drücken. Das lädt die Seite auch neu.

Das letzte Symbol in der Adresszeile ist ein kleines **x** (Pfeil 1). Es bricht den Ladevorgang einer Internetseite ab. Es kann vorkommen, dass es sehr lange dauert, eine Internetseite zu laden, weil z.B. gerade der Server überlastet ist. Ein Klick auf das x und der Ladevorgang wird beendet. Sie können dann eine andere Internetadresse in die Adresszeile eintippen.

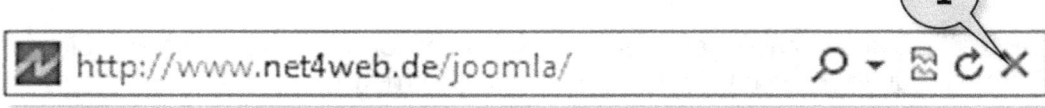

Die Registerkarten
Rechts von der Adresszeile fangen die Registerkarten an (Pfeil 2).

Für jede geöffnete Interseite sehen Sie einen solchen Reiter oder Registerkarte, wie er durch Pfeil 2 markiert ist. Man spricht in diesem Zusammenhang auch vom Registersurfen. Eine neue Registerkarte können Sie auf verschiedenen Wegen öffnen. Sie können einmal auf die kurze Registerkarte klicken (Pfeil 3). Das öffnet neben der bereits bestehenden Registerkarte eine weitere, noch leere Registerkarte (Pfeil 1). Wenn Sie eine Startseite eingerichtet haben, wird diese statt einer leeren Registerkarte dargestellt. Im unteren Bild sehen Sie ein Beispiel mit einer leeren Registerkarte. In der Adresszeile steht jetzt *about:blank* (Pfeil 2). Geben Sie einfach eine Internetadresse Ihrer Wahl ein und drücken Sie einmal die **Enter**-Taste Ihrer Tastatur.

Mit jedem weiteren Klick auf die Kurze Registerkarte (Pfeil 3, vorherige Seite) öffnet sich eine weitere Registerkarte. Wie viele Registerkarten man öffnen kann, kann ich Ihnen nicht genau sagen. Mein PC hat 6 GByte Arbeitsspeicher. Bei ca. 100 geöffneten Registerkarten (mit Inhalt!) habe ich aufgehört weiter zu probieren. Auf einem anderen PC mit nur 2 GByte Arbeitsspeicher war bei 25 geöffneten Registerkarten Schluss. Es wurden dann einfach keine weiteren Registerkarten mehr geöffnet. Das sollte aber genug sein ☺.
Ein weiterer Weg, eine neue Registerkarte zu öffnen, ist die Tastenkombination **Strg-T**. Wenn man die Hände gerade auf der Tastatur hat, muss man nicht erst zur Maus umgreifen.

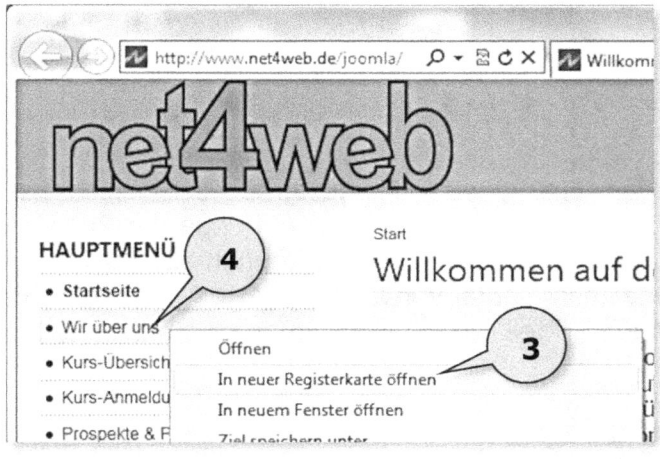

Eine weitere, praktische Möglichkeit ist immer dann nützlich, wenn man bereits eine Internetseite geladen hat, von da nicht weg will, aber trotzdem mal sehen will, was sich hinter einem Link verbirgt. Dann machen Sie einfach auf dem Link einen kurzen Rechtsklick mit der Maus und wählen aus dem Kontextmenü den Befehl **In neuer Registerkarte öffnen** (Pfeil 3) per Linksklick aus. In diesem Beispiel habe ich den Rechtsklick auf dem Link *Wir über uns* (Pfeil 4) gemacht.

Internet Explorer 9 für den Hausgebrauch

Im oberen Bild sehen Sie vier geöffnete Registerkarten. Auf jeder wird eine andere Internetseite dargestellt. Den Titel der jeweiligen Internetseite sehen Sie als Namen der Registerkarte. Die Registerkarte, deren Inhalt Sie gerade auf Ihrem Monitor sehen, ist farblich anders dargestellt als die anderen Registerkarten. Im oberen Bild sehen Sie, dass die Registerkarte WDR.de die aktive ist. Das Schöne am Registersurfen ist, dass Sie die Internetseiten wechseln können, in dem Sie einfach auf eine andere Registerkarte klicken. Klicken Sie in diesem Beispielbild auf Google, wird diese Seite in den Vordergrund geholt.

Wenn Sie jede geladene Internetseite stattdessen in einem eigenen Fenster hätten, wäre das Wechseln zu einer anderen Internetseite wesentlich aufwändiger.
Wie unschwer auffällt, ist der Platz für neue Registerkarten von endlicher Größe. Haben Sie mehr Registerkarten geöffnet, als da oben hinpassen, werden die Registerkarten zunächst einmal immer kleiner.

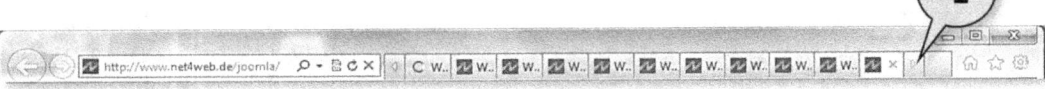

Das hat aber auch seine Grenzen. Eine gewisse Mindestgröße der Registerkarten wird nicht unterschritten. Sind es zu viele, erscheint am Ende der Registerkarten ein kleiner Pfeil (Pfeil 1). Klicken Sie auf den, können Sie sozusagen weiterblättern. Haben Sie mindestens einmal vorwärts geblättert, erscheint am Anfang der Registerkarten ein Pfeil (Pfeil 2), mit dem Sie auch wieder zurückkommen.

Wenn Sie öfter mit vielen geöffneten Registerkarten arbeiten, werden Sie merken, dass Sie schnell die Übersicht darüber verlieren, auf welcher Registerkarte welche Internetseite ist. Sie können sich zumindest unter Windows 7 dadurch einen schnellen Überblick verschaffen, dass Sie in der Taskleiste einmal auf das Symbol des Internetexplorers klicken. Das öffnet eine Miniaturansicht aller geöffneten Internetseiten. Haben Sie die gewünschte Seite gefunden, klicken Sie sie einmal an und schon sehen Sie sie wieder im Fenster des Internet Explorers.

Wenn Sie einen großen Monitor Ihr Eigen nennen und oft mit vielen Registerkarten arbeiten, können Sie sich auch ein wenig mehr Platz für die Registerkarten schaffen. Dazu machen Sie einfach auf einer der Registerkarten einen kurzen Rechtsklick mit der Maus und wählen per Linksklick den Befehl **Registerkarten in einer separaten Zeile anzeigen** (Pfeil 1).

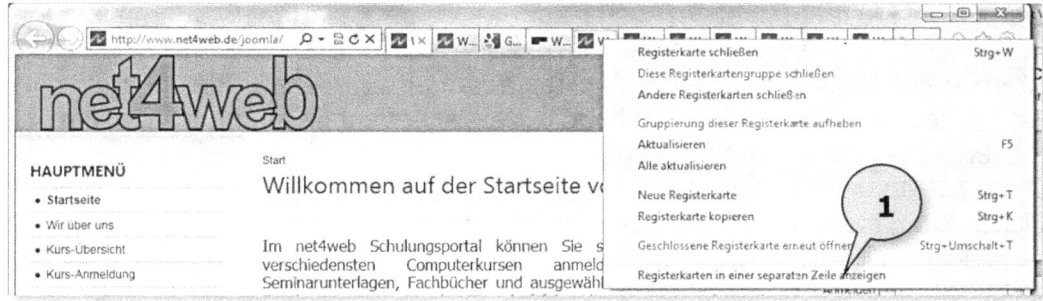

Und schon haben Sie einen enormen Platzgewinn für Ihre Registerkarten.

Sie sollten jetzt nicht glauben, dass das Registersurfen nennenswert Arbeitsspeicher spart. Ein Blick in den Taskmanager zeigt, dass Windows ganz brav für jede Registerkarte den Internet Explorer 9 einmal startet.

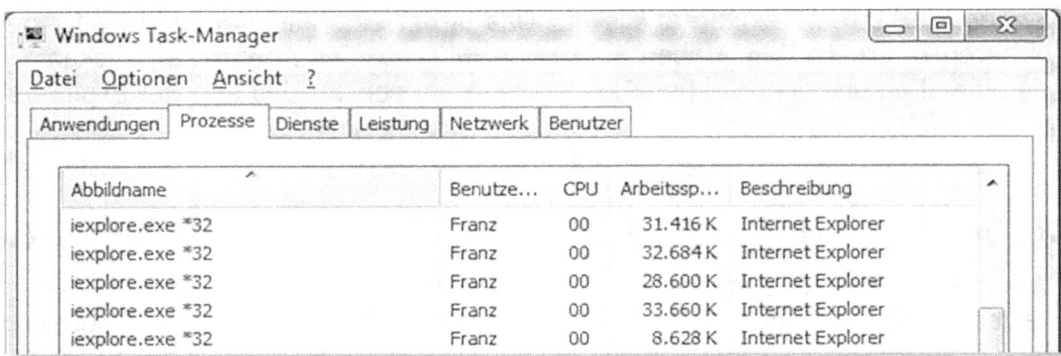

Nicht nur der Wechsel zwischen Internetseiten ist mit dem Registersurfen komfortabler, sondern auch das Schließen von einzelnen Seiten. Wenn Sie rechts oben im Internet Explorer 9-Fenster auf das kleine **x** klicken, werden alle geöffneten Registerkarten auf einmal geschlossen. Machen Sie das mal, wenn jede Internetseite in einem eigenen Fenster geöffnet ist. Genau. Sie müssen dann auch jedes einzelne Fenster schließen. Das ist jedenfalls unnötig mühsam. Sie können aber auch einzelne Registerkarten ganz gezielt schließen. Die aktive Registerkarte zeigt Ihnen nämlich immer ein kleines **x** rechts am Rand (Pfeil 1). Klicken Sie darauf, wird nur diese eine Registerkarte geschlossen.

Jetzt ist die Frage, wozu sollen Sie überhaupt mehrere Registerkarten öffnen? Also ich mache das sehr oft. Nehmen wir mal an, Sie möchten eine Ferienwohnung an Ihrem Urlaubsort suchen. Sie könnten jetzt z.B. jede in Frage kommende Wohnung in einer Registerkarte geöffnet lassen. Haben Sie einige Wohnungen in die engere Wahl gezogen, können Sie zwischen denen hin und her klicken um sie zu vergleichen. Sagt Ihnen etwas nicht zu, schließen Sie die Registerkarte einfach. Am Ende bleibt dann nur noch eine Registerkarte bzw. Wohnung über. Das mache ich genauso bei Flügen oder Fähren, bei Hotels oder jeder größeren Anschaffung.

Die Symbolleiste

Die Symbolleiste ist klein und überschaubar. Sie besteht aus drei Symbolen am rechten Bildrand (Pfeil 1).

Ein Klick mit der linken Maustaste auf dieses Symbol und Sie kommen zurück zu Ihrer Startseite.

Dieses Symbol dient dazu gespeicherte Favoriten (Lesezeichen) aufzurufen und zu verwalten. Außerdem können Sie damit im Verlauf blättern um kürzlich besuchte Internetseiten wieder zu finden.

Im Internet-Explorer können Sie eine Vielzahl von Einstellungen vornehmen. Ein Klick darauf öffnet dazu ein Fenster.

Startseite(n) einstellen

Wenn man über dieses Symbol eine Startseite aufrufen kann, muss man diese Startseite ja auch irgendwie einstellen können. Dazu gibt es im Wesentlichen zwei Möglichkeiten. Laden Sie die Internetseite, die zur Startseite werden soll. Sie können dann auf diesem Symbol einen Rechtsklick mit der Maus machen. Dies öffnet ein Kontextmenü. Wählen Sie dort den Befehl **Startseite hinzufügen oder ändern per Linksklick** aus (Pfeil 1).

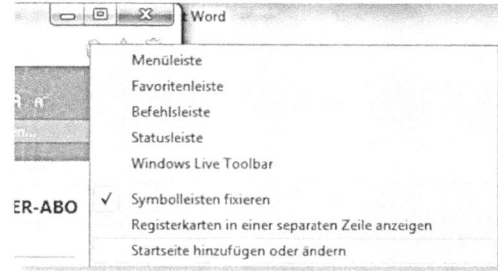

Das wiederrum öffnet ein kleines Fenster. Hier können Sie entscheiden, ob die aktuell angezeigte Internetseite die einzige Startseite sein soll (Pfeil 1) oder ob Sie sie zu bereits vorhandenen Startseiten hinzufügen wollen (Pfeil 2). Klicken Sie auf die Schaltfläche **Ja**, wenn Sie Ihre Wahl

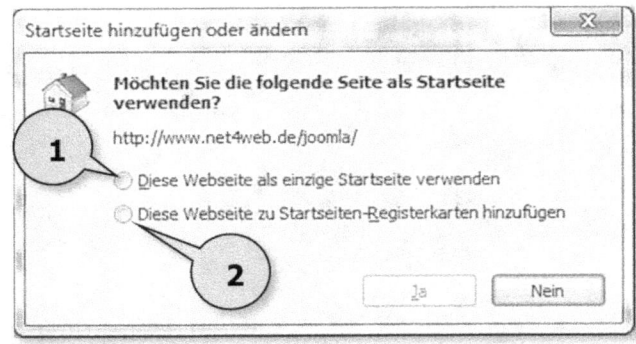

getroffen haben. Wenn Sie mehrere Startseiten eingerichtet haben, werden diese jeweils in einer eigenen Registerkarte geöffnet, wenn Sie entweder den Internet Explorer 9 starten oder auf das Homepagesymbol klicken. Das Homepagesymbol ist das Häuschen. Die zweite Möglichkeit eine oder mehrere Startseiten hinzuzufügen finden Sie im Kapitel *Internetoptionen*.

Favoriten

Die Favoriten werden in anderen Browsern als Lesezeichen oder Bookmarks bezeichnet. Wenn Sie eine interessante Internetseite gefunden haben, die Sie vielleicht gerne mal wieder besuchen möchten, müssen Sie sich diese Adresse nicht merken. Das übernimmt der Internet-Explorer 9 für Sie. Über das Favoriten-Symbol, das Sternchen, können Sie aber auch Internetseiten aufrufen, die Sie kürzlich besucht haben, aber nicht als Favorit gespeichert haben. Diese Informationen werden im so genannten **Verlauf** gespeichert. Und dann gäbe es da noch die Feeds. Feeds, sind spezielle Informationsseiten, die Ihnen sozusagen selber mitteilen, wenn sich das etwas geändert hat. Da die Feeds hauptsächlich genutzt werden um Werbung direkt auf Ihren PC zu transportieren, werden Sie von den Internetnutzern kaum noch eingesetzt.

Seite als Favorit speichern

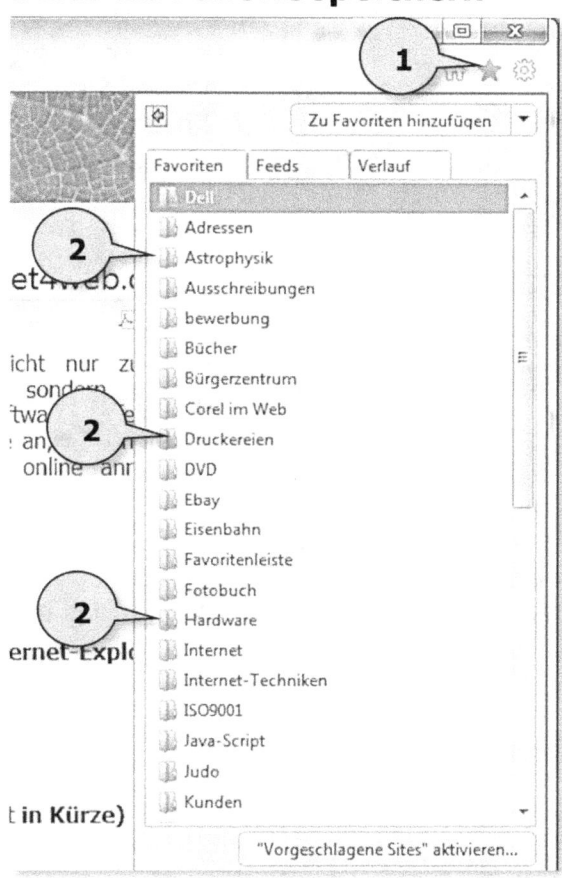

Nehmen wir mal an, Sie hätten die Homepage *www.net4web.de* besucht, fänden die ganz toll und wollen die zu einem späteren Zeitpunkt erneut besuchen. Damit Sie die später leichter wiederfinden, soll diese Seite nicht einfach so als Favorit gespeichert werden, sondern zusammen mit anderen Internetseiten-Favoriten in einem Ordner abgelegt werden. Der Ordner soll vom Namen her thematisch zu den Favoriten passen. Rufen Sie zunächst die Seite **www.net4web.de** auf. Klicken Sie nun auf das Sternchen (Pfeil 1). Das öffnet das Favoriten-Menü (siehe Bild links). Wie Sie sehen habe ich bereits jede Menge Ordner mit Favoriten gespeichert (Pfeile 2). Die Ordnersymbole sehen genauso aus wie die Ordnersymbole im Windows-Explorer. Klicken Sie nun auf die Schaltfläche **Zu Favoriten hinzufügen** (Pfeil 3).

Das öffnet dieses kleine Fenster. Würden Sie nun einfach auf **Hinzufügen** klicken, wäre die Internetseite schon als Favorit gespeichert. Wenn man aber alle Favoriten immer nur im Hauptverzeichnis speichert, findet man irgendwann nichts

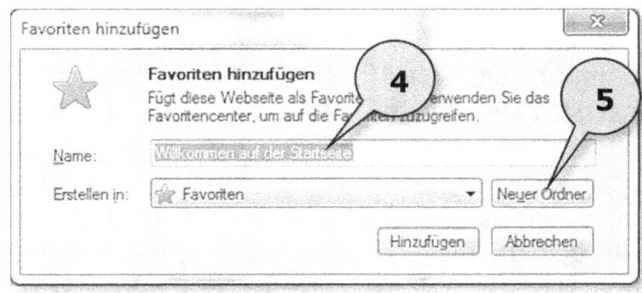

mehr wieder, weil es völlig unstrukturiert ist. Und sehen Sie sich mal den Titel der Seite an. *Willkommen auf der Startseite* ist jetzt nicht unbedingt ein aussagekräftiger Titel ☺. Also ändern wir das mal alles ab, sodass man auch was wiederfindet. Zunächst ändern wir mal den Titel. Dazu löschen Sie alles, was im Feld **Name:** (Pfeil 4, vorherige Seite) steht. Praktischerweise ist der Text dort schon markiert. Sie müssen also nur anfangen zu schreiben. Schreiben Sie einfach *net4web-Startseite*. Anschließend klicken Sie auf die Schaltfläche **Neuer Ordner** (Pfeil 5, vorherige Seite).

Dadurch öffnet sich dieses kleine Fenster. In das Eingabefeld **Ordnername:** schreiben Sie den gewünschten Namen hinein. Ich habe den Ordner *Meine ersten Favoriten* genannt (Pfeil 1). Klicken Sie nun auf die Schaltfläche **Erstellen** (Pfeil 2). Übrigens, wenn Sie einen neuen Ordner als Unterordner eines anderen Ordners erstellen wollen, müssen Sie zunächst Bei **Erstellen in:** auf **Favoriten** klicken. Wählen Sie dann den bestehenden Ordner durch einfachen Mausklick aus und klicken dann auf die Schaltfläche **Erstellen**. Im Normalfall ist aber eine flache Ordnerstruktur besser. Selbst wenn Sie ca. 800 Favoriten in ca. 40 Ordnern haben, so wie ich das habe, gibt es keinen Grund so tief zu staffeln. Man muss dann einfach zu viel klicken um an den gewünschten Favoriten zu kommen. So. Ordner erstellt, Name ist geändert. Wenn Sie jetzt auf die Schaltfläche **Hinzufügen** klicken, haben Sie Ihren ersten Favoriten Namens

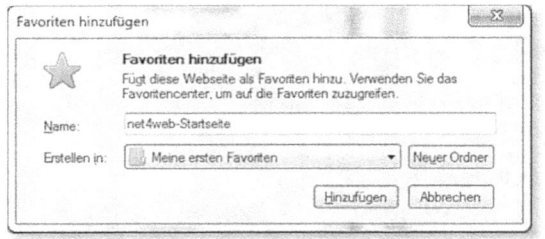

net4web-Startseite in Ihrem eigenen neuen Ordner ***Meine ersten Favoriten*** gespeichert. Jetzt werden wir uns dem nächsten Favoriten widmen. Rufen Sie die Seite *www.wdr.de* auf. Klicken Sie nun erneut auf das Sternchen und dann auf die Schaltfläche **Zu Favoriten hinzufügen**. Der Internet-Explorer 9 hat sich den letzten Ordner gemerkt, in den Sie einen Favoriten gespeichert haben und bietet Ihnen den jetzt auch gleich als Speicherort an. Wenn Sie das aber z.B. am nächsten Tag machen, wird er Ihnen wieder den Hauptordner Favoriten als Speicherort anbieten. In dem Fall klicken Sie auf die Schaltfläche **Favoriten** (Pfeil 1, folgende Seite) und wählen Sie den gewünschten Zielordner aus. In diesem Beispiel ***Meine ersten Favoriten*** (Pfeil 2, folgende Seite).

Internet Explorer 9 für den Hausgebrauch

Die Ordnerliste wird bei Ihnen noch nicht so lang sein und auch sehr wahrscheinlich andere Namen tragen. Diesmal ist der Name des Favoriten kurz und eindeutig. Wir belassen ihn als WDR. de (Pfeil 3) und klicken auf **Hinzufügen** (Pfeil 4).

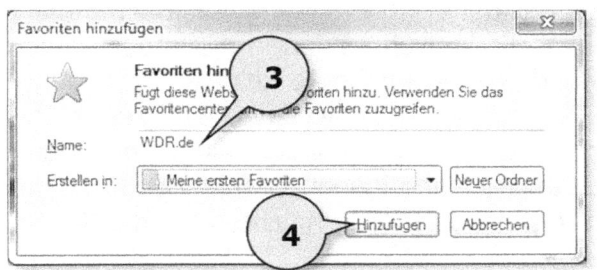

Und jetzt speichern Sie selber die Internet-Seite **www.google.de** mit dem Namen **Google** im Ordner **Meine ersten Favoriten**. Versuchen Sie es jetzt ruhig mal ohne in diese Anleitung zu sehen. Hat's geklappt?

Übrigens: Es wird nicht die ganze Internetseite gespeichert, sondern nur die dazugehörige Adresse. Der Inhalt der Seite könnte sich ja zwischen zwei Besuchen ändern. Da wäre das Speichern der kompletten Seite wenig sinnvoll.

Favoriten einzeln aufrufen

Jetzt haben Sie genug Favoriten gespeichert. Wenn Ihnen danach ist eine der Internetseiten wieder zu besuchen, müssen Sie sich nicht mehr die Adressen merken, sondern können diese direkt aus dem Favoriten-Menü aufrufen. Dazu klicken Sie auf das **Sternchen** (Pfeil 1), dann auf den gewünschten Ordner, in diesem Beispiel **Meine ersten Favoriten** (Pfeil 2) und zuletzt auf den gesuchten Favoriten, z.B. **WDR.de** (Pfeil 3). Als Ergebnis sollten Sie dann die Seite des Westdeutschen Rundfunks sehen.

Favoritengruppe aufrufen

Kommen wir nochmal zu dem Beispiel mit der Ferienwohnung zurück. Nehmen wir mal an, Sie hätten fünf verschiedene Ferienwohnungen in die engere Wahl gezogen. Die Suche war ermüdend und Sie wollen heute keine Entscheidung mehr fällen. Damit Sie am nächsten Tag die Sucherei nicht neu beginnen müssen, könnten Sie die Internetseiten mit den Ferienwohnungen alle als Favoriten speichern. Dafür würden Sie natürlich auch einen eigenen Ordner z.B. mit dem Namen **Ferienwohnungen** anlegen. Am nächsten Tag möchten Sie die Seiten wieder aufrufen. Gut. Sie könnten jetzt fünf Registerkarten aufmachen und für jede einen der Favoriten laden. Oder Sie beschleunigen die Sache etwas. Dazu reicht es, den Internet Explorer 9 gestartet zu haben und rgendeine Registerkarte zu sehen. Klicken Sie nun auf das Sternchen (Pfeil 1) um das Favoritenmenü zu öffnen. Klicken Sie einmal auf den Ordner Ferienwohnungen (Pfeil 2). Bleiben Sie mit dem Mauszeiger genau auf dem Ordner Ferienwohnungen! Machen Sie einen kurzen Rechtsklick mit der Maus und wählen Sie den Befehl In Registerkarten öffnen (Pfeil 3)

Das öffnet rechts von der zurzeit aktiven Registerkarte so viele neue Registerkarten, wie Favoriten in diesem Ordner sind und lädt die Favoriten automatisch dort hinein.

Favoriten ordnen

Irgendwann werden Sie viele Favoriten gespeichert haben. Vielleicht haben Sie dabei Ordnung gehalten, vielleicht auch nicht. Oder Sie möchten eine andere Ordnung in Ihren Favoriten haben, weil Sie denken, dass Sie so die einzelnen Favoriten schneller wiederfinden. Dafür gibt es natürlich auch einen Befehl. Der wird allerdings gerne mal übersehen. Klicken Sie auf das **Sternchen** (Pfeil 1). Neben der Schaltfläche **Zu Favoriten hinzufügen** sehen Sie einen kleinen Pfeil (Pfeil 2). Klicken Sie diesen an, öffnet sich ein Menü. Dort klicken Sie auf die Schaltfläche **Favoriten verwalten...** (Pfeil 3). Das öffnet das folgende Fenster.

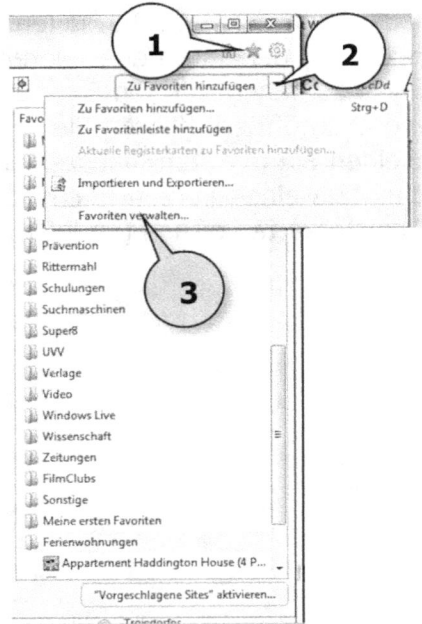

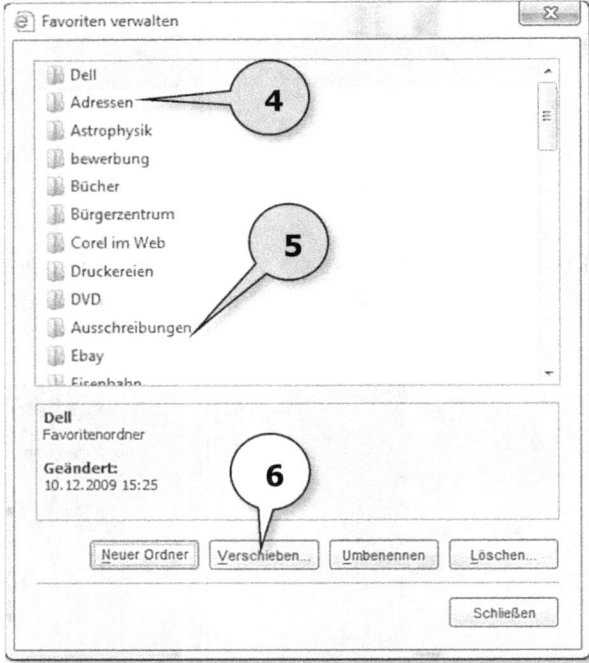

Es gibt hier zwei Möglichkeiten die Ordnung zu verändern. Die eine ist recht zeitaufwändig und unflexibel dafür aber narrensicher. Die andere geht schnell, man darf dabei nur keinen nervösen Zeigefinger haben. Fangen wir mit der ersten Methode an. Sie sehen hier einige Ordner. Den Ordner **Adressen** (Pfeil 4) möchte ich gerne in den Ordner **Ausschreibungen** (Pfeil 5) verschieben. Dazu klicke ich den Ordner **Adressen** einmal an um ihn zu markieren. Ein weiterer Klick auf die Schaltfläche **Verschieben** (Pfeil 6) öffnet ein neues kleines Fenster, in dem ich den Zielordner festlegen kann

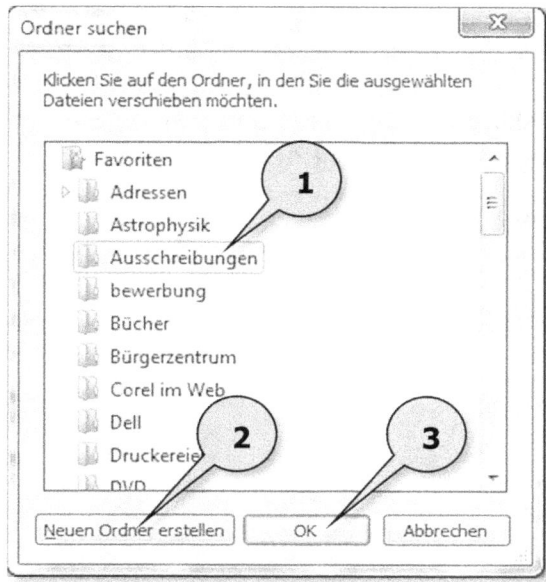

(Pfeil 1), oder auch erst einen **Neuen Ordner erstellen** kann (Pfeil 2). Klicke ich zum Abschluss auf die Schaltfläche **OK** (Pfeil 3), wird der Ordner *Adressen* aus diesem Beispiel in den Ordner *Ausschreibungen* verschoben. Das funktioniert natürlich nicht nur mit Ordnern, sondern auch mit einzelnen Lesezeichen.

Bei der zweiten Variante kann ich den Ordner, den ich verschieben möchte auch einfach mit gedrückter linker Maustaste genau auf den neuen Zielordner ziehen (Pfeil 4 nach Pfeil 5, vorherige Seite). Mit dieser Methode kann man aber noch mehr machen. Wenn Sie einen Ordner oder auch ein einzelnes Lesezeichen genau zwischen zwei Elemente ziehen, wird es auch genau dazwischen abgelegt. Wie Sie in dem Beispiel auf der vorherigen Seite sehen, ist die Ordnung keinesfalls alphabetisch. Ich habe mir die Ordner in eine von mir angepasste Reihenfolge gebracht. Die Ordner oder die Lesezeichen, die ich am häufigsten benötige möchte ich auch ganz oben haben. Das spart Zeit.
Übrigens werden neue Ordner und neue Lesezeichen zunächst immer hinten angehängt, um Ihre Ordnung nicht durcheinander zu bringen. Von da können Sie diese ja verschieben, wohin Sie wollen.

Es gibt da aber noch eine dritte Möglichkeit die Ordnung schnell und effektiv herzustellen. Die ist nur an anderer Stelle zu finden. Klicken Sie auf das Sternchen (Pfeil 1), bewegen Sie den Mauszeiger irgendwo in die Favoriten-Ordner Pfeil 2). Machen Sie einen kurzen Rechtsklick mit der Maus und wählen Sie aus dem Kontextmenü den Befehl **Nach Namen sortieren** (Pfeil 3).

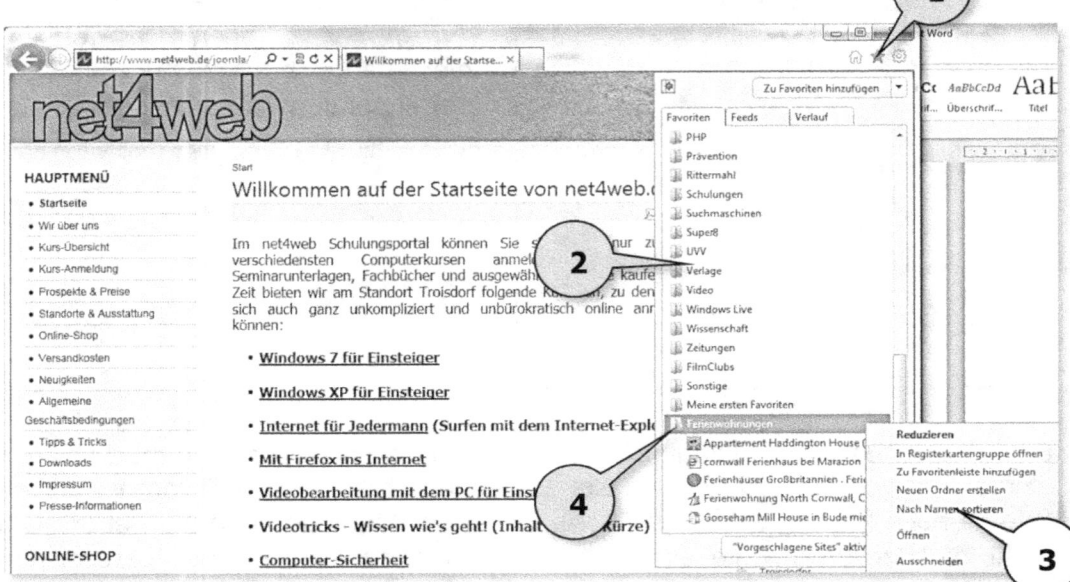

Das stellt schlagartig eine alphabetische Ordnung her. Das können Sie auch innerhalb eines Ordners machen. Wie Sie sehen, habe ich den Ordner Ferienwohnungen (Pfeil 4) geöffnet. Mache ich nun einen Rechtsklick auf den Favoriten in diesem Ordner, kann ich auch nur diese Favoriten alphabetisch ordnen, in dem ich den Befehl **Nach Namen sortieren** (Pfeil 3) anklicke.

Favoriten umbenennen

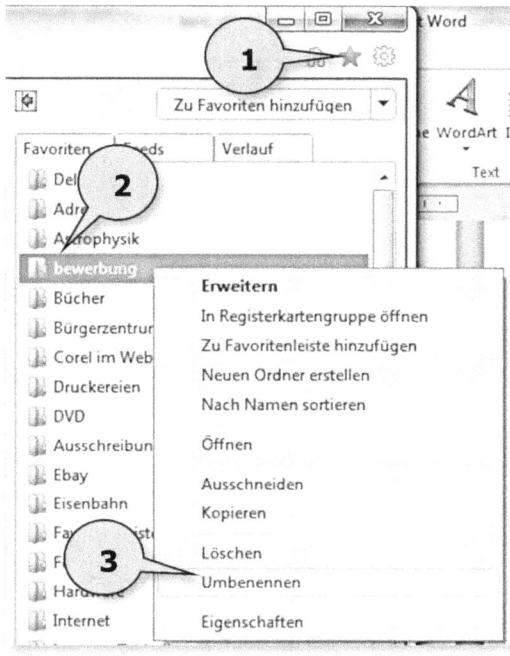

Manchmal passiert es, dass man sich beim Speichern eines Ordners bzw. Favoriten vertippt. Wenn Sie damit leben können, ist das völlig in Ordnung ☺. Sie können das aber auch ganz leicht korrigieren. Klicken Sie einmal auf das Sternchen (Pfeil 1). Den Ordner *bewerbung* (Pfeil 2) habe ich versehentlich klein geschrieben. Um das zu ändern, mache ich genau auf dem Ordner einen kurzen Rechtsklick mit der Maus und wähle aus dem Kontextmenü den Befehl **Umbenennen** (Pfeil 3) per Linksklick aus.

Dadurch wird das Namensfeld editierbar. Ich mache meine Korrekturen und drücke dann die **Enter**-Taste auf der Tastatur um die Änderungen zu speichern. Das geht mit einzelnen Favoriten natürlich genauso, wie mit Ordnern. Technisch ist da keinerlei Unterschied.

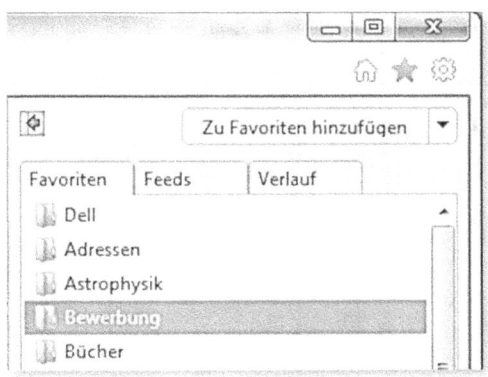

Favoriten löschen

Ab und an sollte man sich von überflüssigem Ballast trennen und mal ein paar Favoriten löschen, die man nicht mehr braucht. Favoriten löschen funktioniert ähnlich einfach wie das Umbenennen. Machen Sie genau auf einem Favoriten oder einem Ordner, den Sie löschen möchten, einen kurzen Rechtsklick mit der Maus und wählen Sie aus dem Kontextmenü den Befehl **Löschen** (Pfeil 1). Es kommt noch eine Sicherheitsabfrage und wenn Sie diese mit **Ja** (Pfeil 2) bestätigen, dann ist das Objekt gelöscht.

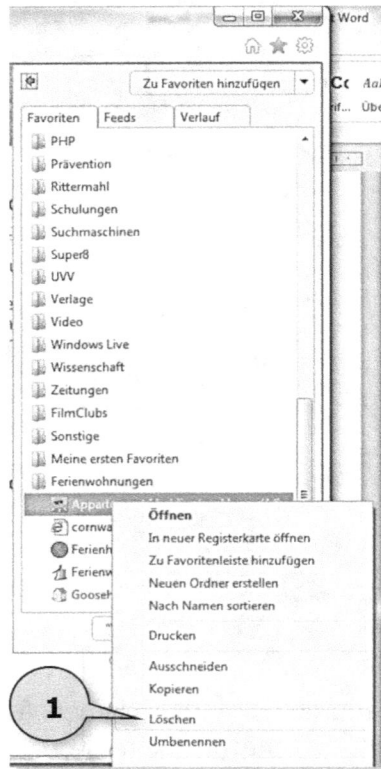

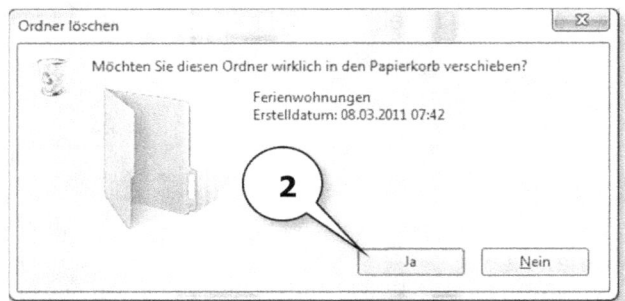

Das Gute daran ist, wenn man mal was Falsches gelöscht hat, findet man das im Papierkorb wieder und kann es von dort wiederherstellen.

Verlauf

Wenn Sie rechts oben auf das Sternchen klicken und sich das Favoriten-Fenster öffnet, gibt es da noch die Schaltfläche **Verlauf** (Pfeil 1). Im Verlauf können Sie sehen, an welchem Tag Sie welche Internetseiten besucht haben. Das ist nicht nur interessant, wenn Sie jemanden kontrollieren wollen ☺. Nehmen wir mal an, Sie hätten am Montag eine interessante Internetseite entdeckt. Die wollen Sie am

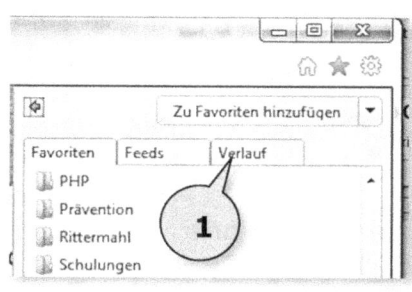

Mittwoch wieder besuchen. Dummerweise erinnern Sie sich aber nicht daran, wie die Seite heißt und als Favoriten haben Sie sie auch vergessen zu speichern. Auf gut Glück danach zu suchen ... Das macht unnötig Arbeit und Kopfzerbrechen ☺. Klicken Sie einfach einmal auf die Schaltfläche **Verlauf** (Pfeil 1). Im Verlauf können Sie einen Link auf jede Internetseite sehen, die Sie in einem gewissen Zeitraum besucht haben. Die Länge dieses Zeitraums können Sie über die Internetoptionen einstellen (siehe Kapitel: Internetoptionen). Jeweils ein Klick z.B. auf *Montag* (Pfeil 2) klappt diesen Ordner auf und zu. In diesen Tages- bzw. Wochenordnern finden Sie eine Liste der besuchten Domains. Darin wiederrum befinden sich sämtliche Links, die Sie auf dieser Domain angesehen haben (Pfeil 3).

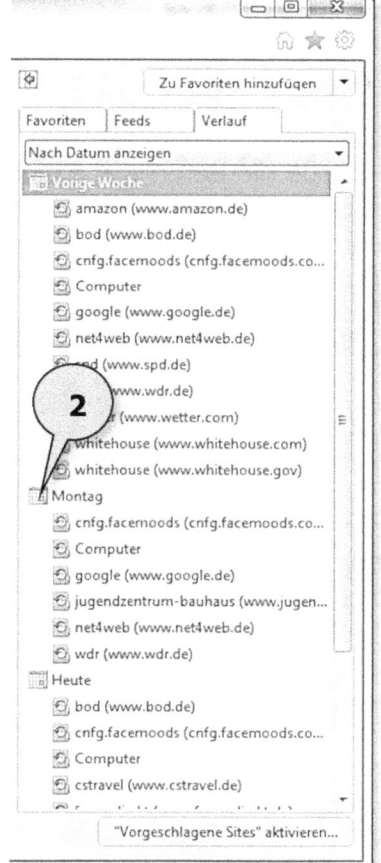

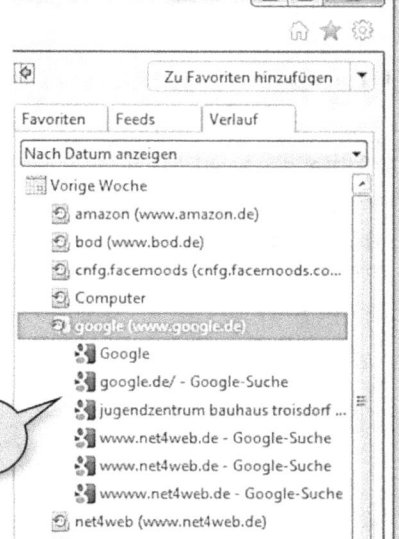

Einstellungen

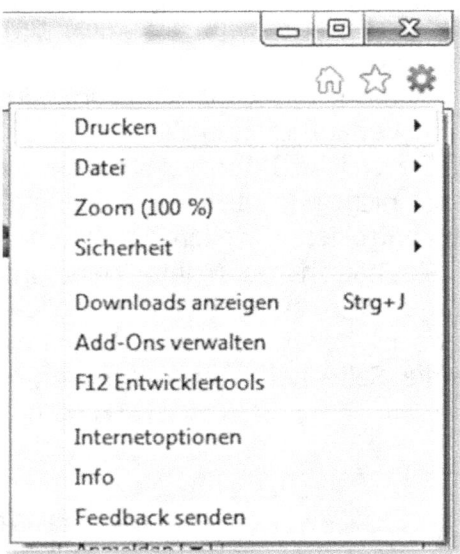

Wenn Sie auf das Zahnrad rechts oben in der Fensterecke klicken, öffnet sich ein kleines Befehlsmenü. Es wird auch als das Extras-Menü bezeichnet. Hier finden sich die wichtigsten Funktionen des Internet-Explorer 9 in Menüform. Naja. Jedenfalls die, von denen die Entwickler von Mircosoft® glauben, das wären die Wichtigsten ☺. Da schlummert aber noch wesentlich mehr unter der Haube, als Sie jetzt vielleicht vermuten. Wenn Sie schon mit älteren Versionen des Internet Explorers gearbeitet haben, haben Sie vielleicht auch schon einige Sachen vermisst. Da die Befehle, die hier in diesem Menü vorkommen, genauso auch an anderer Stelle wieder zu finden sind, werde ich hier auch gar nicht weiter darauf eingehen. Lesen Sie sich besser das Kapitel **Die Menüleiste**, sowie die dazu gehörenden Unterkapitel durch. Dort finden Sie eine Beschreibung der namensgleichen Funktionen, die Sie hier in diesem Menü natürlich genauso anwenden können. Technisch gibt es da überhaupt keinen Unterschied.

Wo ist die Menüleiste?

Haben Sie die Menüleiste schon vermisst? Und vielleicht auch die vielfältigen Befehle daraus? Keine Sorge. Es ist alles da. Es ist nur zunächst einmal verborgen. Drücken Sie doch einmal kurz auf die **Alt**-Taste Ihrer Tastatur. Die finden Sie links unten. Verwechseln Sie sie nicht mit der AltGr-Taste. Die ist rechts unten auf der Tastatur und hat eine andere Funktion. Wenn Sie die **Alt**-Taste einmal kurz drücken, erscheint das gewohnte Befehlsmenü.

Drücken Sie die **Alt**-Taste erneut, verschwindet das Menü wieder. Ich kann da nur Vermutungen aufstellen. Aber ich denke, das Microsoft® sich damit an die kleinen Bildschirme der NetBooks anpassen will. Wenn man oben zu viel anzeigt, bleibt unten nur noch wenig Platz für die eigentliche Internetseite. Die Menüleiste umfasst die Hauptbefehle *Datei*, *Bearbeiten*, *Ansicht*, *Favoriten*, *Extras* und *?*. Ich werde nicht auf jeden der Befehle ganz genau eingehen. Aber die Befehle, die ich für wichtig und interessant halte, werde ich auch ausführlich beschreiben.

Datei

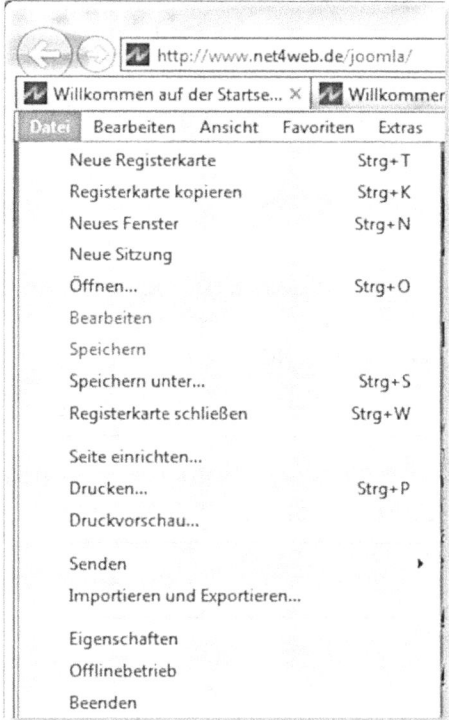

Der Menüpunkt **Datei** hält einige nützliche Befehle bereit.

Neue Registerkarte

Mit **Neue Registerkarte** können Sie eine zusätzliche Registerkarte im aktuellen Browserfenster öffnen Diese wird rechts neben der aktuellen Registerkarte geöffnet.

Registerkarte kopieren

Der Befehl **Registerkarte kopieren** erzeugt rechts von der aktiven Registerkarte eine neue Registerkarte mit dem gleichen Inhalt wie in der aktiven Registerkarte.

Mit der Schaltfläche **Neues Fenster** können Sie ein eigenständiges neues Browserfenster öffnen. In dem neuen Fenster wird Ihnen der Inhalt des vorherigen Fensters angezeigt.

Öffnen

Mit **Öffnen** können Sie eine beliebige Internet-Seite aufrufen, die Sie lokal auf Ihrer Festplatte gespeichert haben. Beim Klick auf diese Schaltfläche öffnet sich der aus allen Windows-Programmen bereits bekannte Dateimanager zum Öffnen einer Datei.

Bearbeiten

Die Schaltfläche **Bearbeiten** funktioniert natürlich nur dann, wenn Sie ein Programm zum Bearbeiten von Internetseiten festgelegt haben. Sie können dann z.B. eine Internetseite in Word direkt weiterverarbeiten und lokal auf Ihrem Rechner als Word-Dokument speichern.

Speichern

Speichern ist die Schnellspeichertaste von **Speichern unter...** Sie funktioniert nur dann, wenn Sie die aktuelle Internetseite mit **Speichern unter...** unter einem beliebigen Namen auf Ihrer Festplatte gespeichert haben. Beim **Speichern** legt der Browser die Internetseite unter dem Namen und dem Verzeichnis ab, das Sie ihm angegeben haben. Gleichzeitig legt er daneben einen Ordner mit gleichem Namen an, in dem alle mit der Internetseite verknüpften Dateien (z.B. Grafiken) gespeichert werden. Beim **Öffnen** der gespeicherten Internetseite lädt der Internet Explorer diese Dateien dann automatisch wieder an die richtigen Stellen.

Seite einrichten...

Mit **Seite einrichten...** stellen Sie das Papierformat für den Druck einer Internetseite ein. In der Regel können Sie diese Einstellungen unverändert lassen, da lediglich die Standardeinstellungen Ihres Druckers übernommen werden.

Drucken

Drucken ruft das Druckerauswahl-Menü auf. Wählen Sie Ihren Drucker aus und legen Sie los. Unter **Extras/Internetoptionen/Erweitert** können Sie einstellen, ob Sie Hintergrundgrafiken und –farben mit ausdrucken wollen. Meist sind die nicht sonderlich interessant, verbrauchen aber beim Ausdruck immense Mengen Tinte bzw. Toner.

Druckvorschau

Die **Druckvorschau** zeigt Ihnen die Internetseite so an, wie sie aus dem Drucker kommen würde. Sie können auch sofort sehen, ob die Hintergründe eingeblendet sind und ob vielleicht beim Drucken die Lesbarkeit dadurch beeinträchtigt wird. Wenn Sie eine Internetseite drucken wollen, der Hintergrund schwarz und die Schrift weiß ist, Sie den Hintergrund aber nicht mit drucken wollen, so erkennt der Internet-Explorer dies normalerweise und druckt dann nicht weiße Schrift auf weißem Grund, sondern ändert die Schriftfarbe auf schwarz. Sie

Internet Explorer 9 für den Hausgebrauch

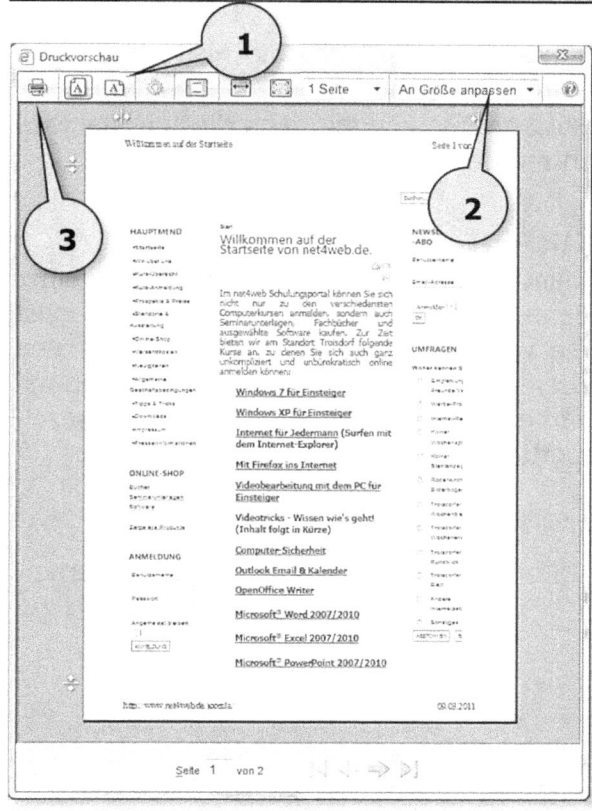

sollten sich jede Internetseite, die Sie drucken möchten zunächst einmal in der Druckvorschau ansehen. Durch die Vielzahl der Formate kann ein Ausdruck sonst schnell zum Papiergrab werden. In der Druckvorschau können Sie das Druckformat z.B. von hoch auf quer (Pfeil 1) drehen, den Ausdruck skalieren (Pfeil 2) um ihn auf eine Seite einzupassen oder auch festlegen, welche Seiten Sie überhaupt drucken wollen (Pfeil 3), sofern der Ausdruck länger als eine Seite ist. Was glauben Sie, wie oft ich schon auf dem letzten Blatt eines Ausdrucks nur noch eine Zeile hatte. Da ärgere ich mich schon mal über mich selbst ☺.

Senden

Senden ist eine häufig genutzte Funktion des Internet Explorers. Sie können damit entweder die ganze Internetseite (**Seite durch E-Mail**) mit allen Dateien oder nur den Link also die Adresse der Interseite (**Link durch E-Mail**) per Email versenden.

Wenn Sie eine dieser Funktionen aktivieren, öffnet sich automatisch Ihr Email-Programm. Im Nachrichtenfenster sehen Sie dann entweder die ganze Seite, mit allen Grafiken oder nur eine Textzeile mit der Internetadresse. Eine sinnvolle Funktion, wenn Sie einen Bekannten auf diese Seite aufmerksam machen wollen. Der Empfänger dieser Mail muss dann nur noch die Mail öffnen und gegebenenfalls auf den Link klicken. **Verknüpfung auf dem Desktop** speichert die aktuelle Seite auf dem Desktop an. Sie können dann die Internetseite zukünftig per Doppelklick direkt von Ihrem Desktop starten.

Importieren und Exportieren...

Importieren und Exportieren... dient dazu Favoriten und Cookies in einer externen Datei zu sichern oder gegebenenfalls wieder zurück zu spielen. Das ist besonders dann interessant, wenn Sie viele Favoriten gespeichert haben und Ihre Daten auf einen neuen PC portieren wollen. Oder Sie haben bisher mit anderen Browsern wie z.B. Firefox gearbeitet. Dann können Sie dessen Lesezeichen über diese Funktion bequem importieren.

Eigenschaften

Eigenschaften zeigt Ihnen einige Informationen über die aktuelle Internet-Seite an.

Beenden

Beenden beendet entweder sofort den Internet Explorer oder ruft das rechte Fenster auf (Siehe Kapitel: *Internetoptionen/Registerkarten*).

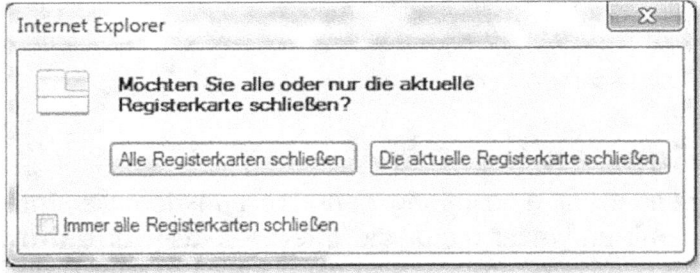

In älteren Internet Explorer Versionen sah dieses Fenster etwas anders aus und hat häufig zu Irritationen geführt. Jetzt ist es aber eindeutig wie ich finde.
Ein Klick auf **Die aktuelle Registerkarte schließen** schließt nur die aktuelle Internetseite während ein Klick auf die Schaltfläche **Alle Registerkarten schließen** den Internet Explorer sofort beendet. Auch dieses Verhalten können Sie mit *Internetoptionen/Registerkarten* einstellen. Sie können das Programm ebenso beenden, in dem Sie rechts oben einmal auf das klicken. Aber das kennen Sie sicher schon von anderen Programmen auf Ihrem PC.

Bearbeiten

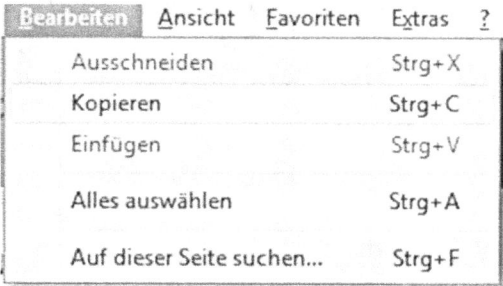

Das Auswahlmenü **Bearbeiten** wird sicherlich recht selten benutzt. Sie können Objekte, die mit der Maus markiert wurden in die Zwischenablage kopieren oder können zunächst den gesamten Inhalt einer Internet-Seite mit dem Befehl **Alles auswählen** markieren und dann so die ganze Seite in die Zwischenablage kopieren. Zu Recht fragen Sie sich jetzt vielleicht nach dem Sinn und Zweck, denn Sie können den Inhalt der Zwischenablage natürlich nicht in eine fremde Internet-Seite einfügen. So einfach ist hacken dann doch nicht ☺. Aber Sie könnten den Inhalt der Zwischenablage z.B. in Ihrer Textverarbeitung einfügen und dort weiter verarbeiten. So sollen ja schon ganze Doktor-Arbeiten entstanden sein ☺.

Ansicht

Klicken Sie darauf, öffnet sich ein Pulldownmenü, das weitere Befehle enthält. Unter einigen der Befehle verstecken sich weitere Befehle, mit deren Hilfe Sie den Internet Explorer 9 anpassen können. Ein Häkchen vor dem Befehl zeigt an, das der Befehl aktiviert ist. Mit dem Internet Explorer 9 ist es nicht mehr möglich, so zahlreiche Veränderungen im Aussehen vorzunehmen, wie mit den Vorgängerversionen. Es hat sich doch gezeigt, dass es anfängerfreundlicher ist, nicht alles anpassen zu können.

Symbolleisten

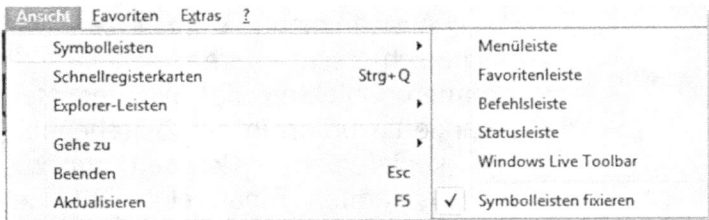

Auch der Internet Explorer 9 hat einige Symbolleisten, die man nach Belieben ein- bzw. ausschalten kann. Wenn es Sie stört, dass die **Menüleiste** nur erscheint, wenn Sie kurz die **Alt**-Taste drücken, können Sie sie hier durch einfachen Mausklick ständig eingeschaltet lassen.

Favoritenleiste

Die **Favoritenleiste** mag ich persönlich sehr gerne. Die wichtigsten Internetseiten können Sie sich da sozusagen als Schnellstartleiste ablegen.

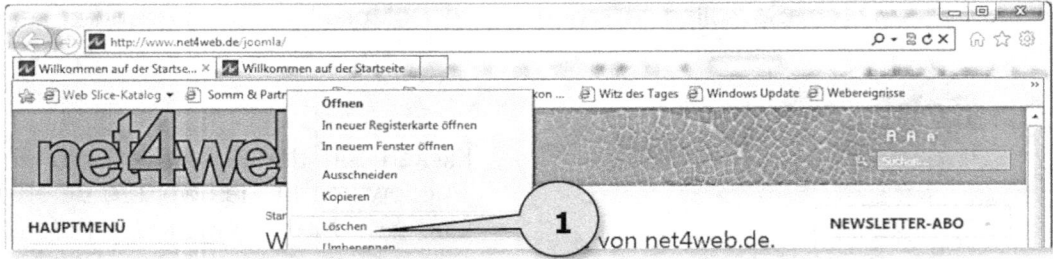

Da werden wahrscheinlich schon ein paar vorinstallierte Links sein. Löschen Sie diese erst einmal, in dem Sie auf dem zu löschenden Link einen Rechtsklick machen und dann auf **Löschen** (Pfeil 1) klicken. Jetzt füttern Sie die Linkliste mit Ihren Lieblingsseiten. Das geht denkbar einfach. Laden Sie eine gewünschte Internetseite. Gehen Sie mit dem Mauszeiger auf den Registerkartenreiter (Pfeil 2). Ziehen Sie den Reiter mit gedrückter linker Maustaste an die gewünschte Stelle in der Linkliste (Pfeil 3). Die Einträge in der Linkliste können Sie übrigens auch umbenennen. Dazu machen Sie einen Rechtsklick auf dem Eintrag und klicken im Kontextmenü auf **Umbenennen**.

Diese Linklisten-Einträge können mit einem einzigen Maus-Mausklick gestartet werden. Sie lassen sich auch innerhalb der Linkliste verschieben. Dazu ziehen Sie den entsprechenden Eintrag einfach mit gedrückter linker Maustaste an eine andere Position in der Linkliste. Die Linkliste hat natürlich eine endliche Größe. Haben Sie mehr Links in der Linkliste abgelegt, als dahin passen, erscheint am rechten Rand ein kleiner Doppelpfeil, mit dem Sie weiterblättern können. Sie können sich da aber auch mit einem kleinen Trick zu mehr sichtbaren Einträgen verhelfen. Wenn Sie auf einem der Einträge in der Linkliste (Pfeil 1) einen kurzen Rechtsklick machen, können Sie aus dem Kontextmenü den Befehl **Anpassen der**

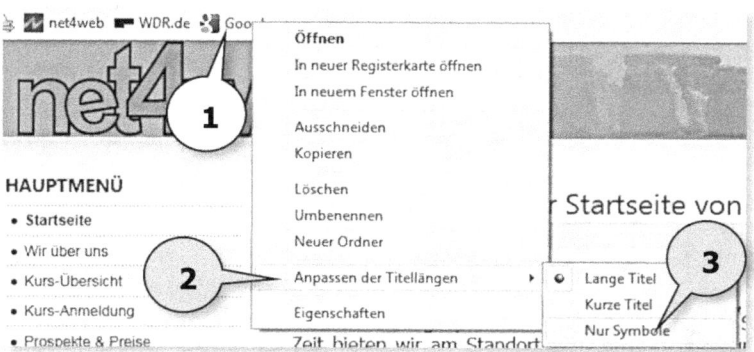

Titellänge/Nur Symbole (Pfeile 2 & 3) auswählen. Das macht natürlich nur Sinn, wenn jeder Eintrag auch ein anderes Symbol hat (Pfeil 4) und man sich merken kann, welches Symbol zu welcher Internetseite gehört ☺.

Befehlsleiste
Die Befehlsleiste ist nichts anderes als die gute alte Symbolleiste in einer kleineren Version.

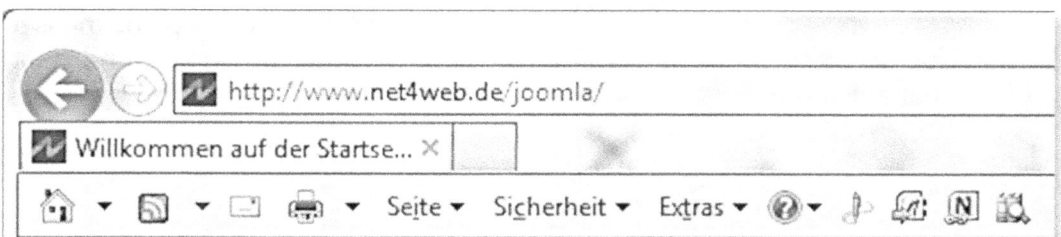

Manche Benutzer können sich nur schwer an neue Gegebenheiten gewöhnen ☺. Diese Befehlsleiste lässt sich, genau wie in vielen anderen Programmen auch, verändern und an die eigenen Bedürfnisse anpassen.

Machen Sie dazu im leeren Bereich der Befehlsleiste einen kurzen Rechtsklick und wählen Sie aus dem Kontextmenü den Befehl **Anpassen/Befehle hinzufügen oder entfernen** aus. Das folgende kleine Fenster öffnet sich.

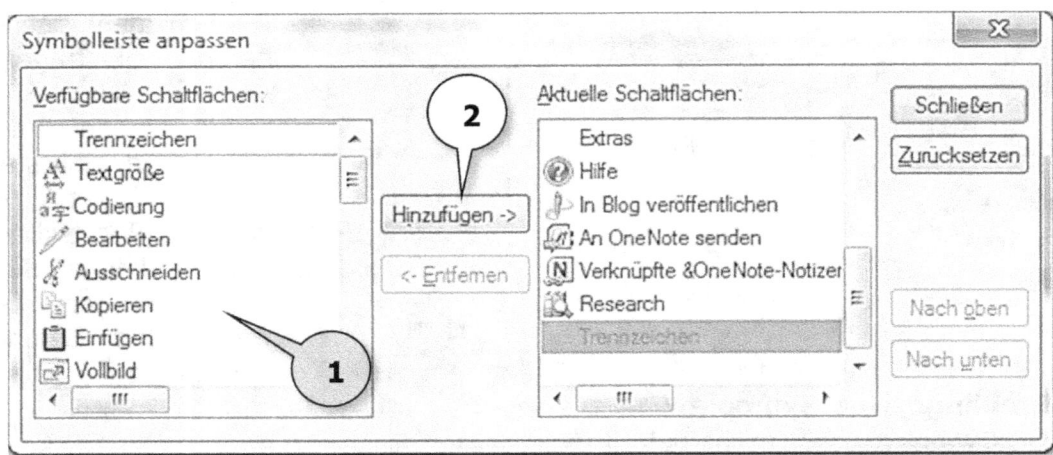

Wenn Sie z.B. den Befehl für die **Druckvorschau** immer direkt im Blick haben wollen, klicken Sie ihn links bei **Verfügbare Schaltflächen** (Pfeil 1) einmal an. Mit einem weiteren Klick auf die Schaltfläche **Hinzufügen->** (Pfeil 2) wird er übernommen. Wenn Sie das kleine Fenster jetzt schließen, haben Sie die Schaltfläche für die Druckvorschau direkt in der Befehlsleiste (Pfeil 3). Wenn Sie einen Befehl aus der Leiste löschen wollen, müssen Sie ihn auf der rechten Seite bei Aktuelle Schaltflächen auswählen und dann noch einmal auf **<-Entfernen** klicken.

Statusleiste

Die gute alte Statusleiste zeigt Ihnen immer an, wo ein Link denn hinführt, bevor Sie ihn überhaupt angeklickt haben. Im unteren Beispiel verweilt mein Mauszeiger auf dem Link **Wir über uns** (Pfeil 1). In der Statuszeile sehe ich die tatsächliche Internetadresse (Pfeil 2), auf die ich geführt werde. Ich kann daran erkennen, dass ich auf der Domain net4web.de bleibe und die gesuchte Information in einer Datenbank steckt.

Es geht aber auch ohne die Statusleiste. Siehe Kapitel: *Wo führen mich diese Links denn hin?* Ein Internetprogrammierer kann die Statusleiste übrigens beeinflussen. Früher wurden dort gerne kleine Werbebotschaften angezeigt. Das habe ich aber schon eine Ewigkeit nicht mehr gesehen.

Windows Live-Toolbar

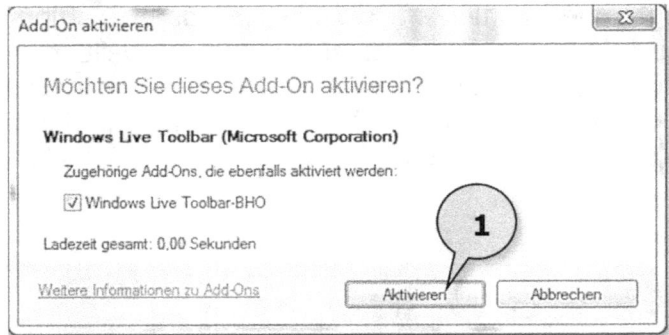

Die Windows Live-Toolbar muss Aktiviert werden (Pfeil 1). Danach steht Sie als Bedienfeld im Internet Explorer 9 zur Verfügung (Pfeil 2). Solche Toolbars gibt es von zahlreichen Anbietern. Wenn Sie die darin enthaltenen Funktionen oft brauchen, können Sie sie ja aktivieren.

Ich persönlich betrachte diese Toolbars als Bremsklötze.

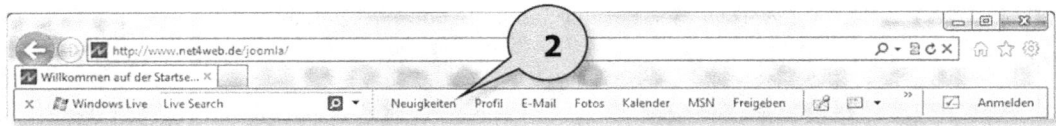

Symbolleisten fixieren

Alle Symbolleisten befinden sich an einem vorgegebenen Platz. Mit dem Befehl Symbolleisten fixieren können Sie die Leisten in sehr kleinem Rahmen hin und her bewegen. Dies geschieht dann mit Hilfe dieser kleinen Anfasserlinien (Pfeil 3). Mit gedrückter linker Maustaste können Sie den Bereich verschieben.

Gehe zu

Gehe zu dient der Navigation. Es enthält einen **Vor**- und **Zurück**-Button (ist schon links oben im Fenster) und die Möglichkeit, eine bereits geöffnete Registerkarte oder die Startseite direkt anzuwählen.

Beenden

Beenden schließt die aktuelle Registerkarte.

Aktualisieren

Mit **Aktualisieren** laden Sie die gerade angezeigte Internetseite neu. Das kann interessant sein, wenn Sie sich einen Börsenticker oder ein bald endendes Ebay-Angebot ansehen. Das funktioniert auch über die Taste **F5** Ihrer Tastatur.

Zoom

Unter **Zoom** finden Sie einige voreingestellte Vergrößerungen oder Verkleinerungen für die dargestellte Internetseite. Wenn Ihnen die Schrift zu klein ist, vergrößern Sie das **Zoom** doch einfach um ein paar Prozent. Komfortabler und schneller geht das aber sicherlich mit einer Scrollradmaus wie im Kapitel *Nützliche Mausfunktionen* beschrieben.

Textgröße

Textgröße öffnet ein kleines Menü, in dem Sie die Textgröße auf einer Internetseite ändern können. Bei einfach aufgebauten Seiten wie etwa der Startseite von Google, funktioniert das prima. Internet-Programmierer können das aber durch den Einsatz von sogenannten Cascading Style Sheets (CSS) unterdrücken um damit zu verhindern, das komplizierte Seiten-

layouts völlig durcheinander gewürfelt werden. Ich würde Ihnen da eher zu der Zoomfunktion raten. Sie vergrößert alles, auch Bilder und kann von einem Internetprogrammierer nicht unterdrückt werden.

Quellcode

Mit dem Befehl **Quellcode** können Sie sich das HTML-Gerüst einer Internetseite ansehen. Im Wesentlichen besteht so eine Seite aus zwei Teilen. Dem Head und dem Body. Der Body ist das was Sie sehen. Im Head befinden sich in der Regel irgendwelche Scripts, sowie Informationen für den Browser und vor allem für Suchmaschinen.

Datenschutzrichtlinie der Website

Wenn Sie so wie ich, ein Internet-Paranoiker sind, und alle Cookies mal pauschal sperren, werden Sie schnell feststellen, dass man sich damit auch selber gewaltig blockieren kann. Online einkaufen oder etwa Flüge buchen geht ohne Cookies normalerweise nicht. Um die Sicherheitseinstellungen nicht grundsätzlich zu schwächen, können Sie mit

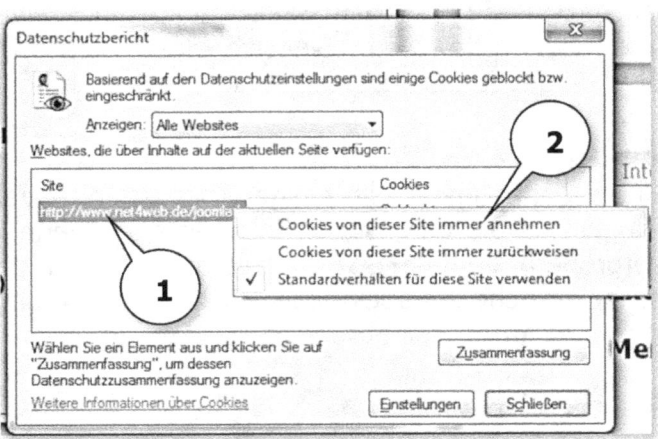

dem Befehl Datenschutzlinie der Website Cookies von der Seite, die Sie gerade sehen erlauben. In dem kleinen Fenster, das sich bei dem Befehl öffnet, machen Sie einen kurzen Rechtsklick auf der Internetadresse (Pfeil 1) und wählen Sie z.B. Cookies von dieser Site immer annehmen (Pfeil 2). Dann klappt's auch mit dem Einkauf ☺.

Vollbild

Irgendwann sind Sie vielleicht mal auf der Tastatur versehentlich auf die Taste **F11** gekommen und sehen jetzt nur noch die Internetseite aber keinerlei Bedienelemente des Internet Explorers mehr. Mit dem Befehl **Vollbild** oder der Taste **F11** können Sie den Zustand jederzeit ändern. Diese Funktion ist vor allem für kleine Bildschirme, wie etwa denen von NetBooks, interessant. Da bleibt einfach mehr Fläche für die eigentliche Internetseite übrig.

Menübefehl Favoriten

Klicken Sie im Menü auf den Befehl **Favoriten** (Pfeil 1), klappt das komplette Favoritenmenü auf.

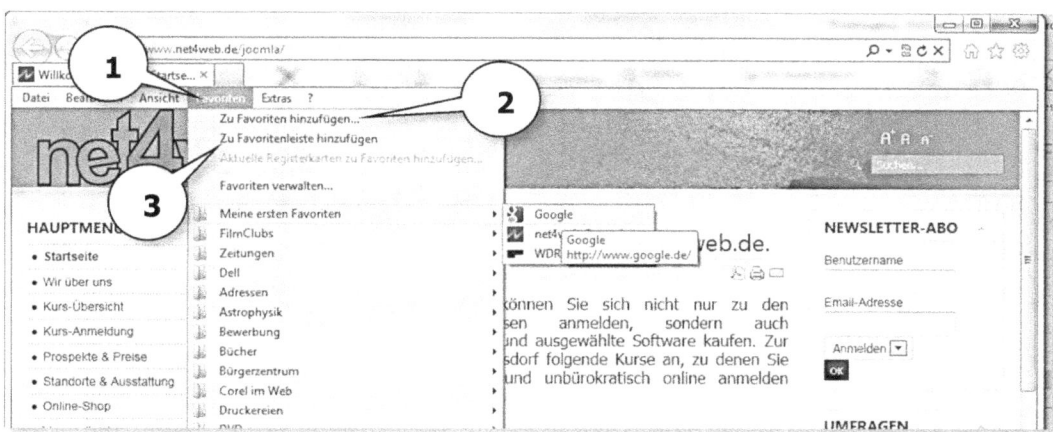

Sie sehen die Liste mit den Favoriten oder wie hier mit den Ordnern, in denen sich Favoriten befinden. Die aktuell sichtbare Internetseite lässt sich so auch schnell zu den Favoriten hinzufügen. Dazu klicken Sie auf die Schaltfläche **Zu Favoriten hinzufügen** (Pfeil 2). Das weitere Vorgehen kennen Sie schon aus dem Kapitel *Favoriten*. Klicken Sie auf die Schaltfläche **Zu Favoritenleiste hinzufügen** (Pfeil 3), wird die aktuell sichtbare Internetseite in die Favoritenleiste eingebaut (Siehe Kapitel *Symbolleisten/Favoritenleiste*). Zu der Schaltfläche **Favoriten verwalten...** haben Sie ja auch schon das entsprechende Kapitel gelesen. In der Menüleiste sind diese Befehle deshalb noch mal vorhanden, weil jeder eine andere Arbeitsweise favorisiert. Wem das Verwalten der Favoriten zu zeitaufwändig war, kann sich auch hier mal versuchen. Ordner und Favoriten lassen sich nämlich hier einfach mit gedrückter linker Maustaste verschieben. Legt man sie dabei genau auf einem Ordnersymbol ab, werden sie auch in diesen Ordner verschoben. Will man nur die Reihenfolge verändern, muss man schon genau zielen. Beim Loslassen der linken Maustaste muss der Mauszeiger genau zwischen zwei Objekten verweilen und darf nicht mal zucken ☺.

Internet Explorer 9 für den Hausgebrauch

Extras

Die Extras (Pfeil 1) haben es in sich. Hier stecken auch die meisten sichtbaren Neuerungen des Internet Explorer 9.

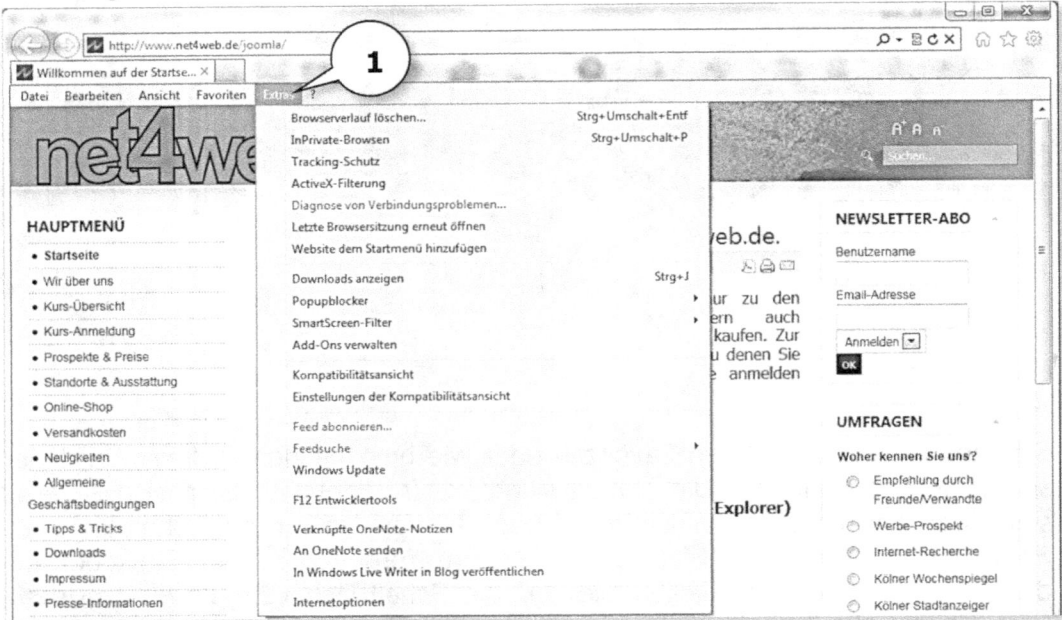

Browserverlauf löschen

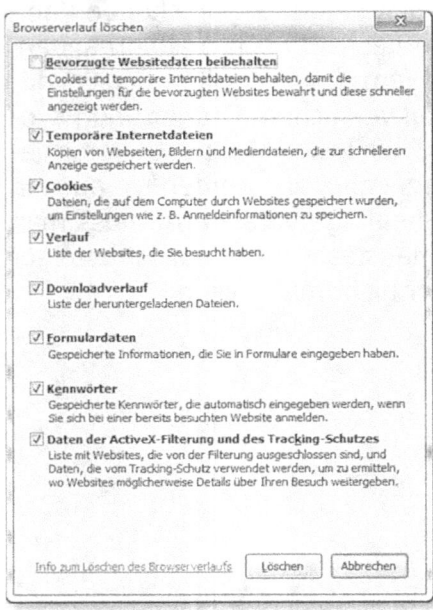

Der Internet Explorer 9 protokolliert jede Internetseite, die Sie besucht haben und speichert diese im so genannten Verlauf. Wie man den Verlauf nutzen kann, haben Sie ja schon kennengelernt. Wenn Sie mal an einem fremden PC, z.B. in einem Internetcafe gesurft haben, wollen Sie vielleicht nicht, dass der, der sich nach Ihnen an diesen Platz setzt sieht, welche Internetseiten Sie besucht haben. Außerdem können auch manchmal Probleme mit dem Internet Explorer durch diese gespeicherten Seiten auftreten. Es ist also auf jeden Fall nützlich, dass man den Browserverlauf löschen kann. Klicken Sie den Befehl an, öffnet sich das linke Fenster. Hier können Sie anklicken, was überhaupt alles gelöscht werden soll. Dazu sollte man zumindest grob wissen, wozu das alles gut ist. Wenn Sie auf die Schaltfläche **Löschen** klicken, geht's auch schon los. Je nachdem, wie viel im Browserverlauf war, kann das schon ein paar Minuten dauern. Wenn Sie den Internet Explorer 9 „vernünftig" einstellen (Siehe Kapitel: *Internetoptionen*) ist die Sache in einigen Sekunden erledigt.

Temporäre Internetdateien
Eine Internetseite besteht in der Regel nicht nur aus einer Textdatei, sondern es sind auch Script-Dateien, Bilder, Animationen und Style-Sheets darin eingebunden. Der Internet Explorer speichert die in den so genannten Temporären Dateien. Wenn Sie diese Internetseite erneut aufsuchen, prüft der Internet Explorer, ob dazu schon temporäre Dateien vorhanden sind. Wenn ja, prüft er, ob die Dateien noch identisch sind. Wenn ja, lädt er die temporären Dateien um Downloadvolumen und damit Bandbreite zu sparen. Also eine sinnvolle Technik.

Cookies
Cookies sind kleine Textdateien, die ein Internetserver auf Ihrem PC speichern kann. In den meisten Fällen sind Cookies kleine nützliche Helferlein. So wird z.B. bei Online-Bestellungen der Warenkorb in einem Cookie gespeichert. Allerdings werden mittlerweile auch verstärkt Trackingcookies verwendet, die genau protokollieren, welche Internetseiten sie besuchen. Ich bin der Meinung, dass das niemanden was angeht und deshalb konfiguriere ich den Internet Explorer entsprechend. Dazu später noch mehr.

Verlauf
Im Verlauf speichert der Internet Explorer 9, welche Internetseiten Sie besucht haben und kann Ihnen die Links bei Bedarf wieder anbieten. Wie das geht haben Sie ja schon gelesen.

Downloadverlauf
Im Downloadverlauf stehen alle Dateien, die Sie heruntergeladen haben. Das kann ganz nützlich sein, weil man diese Programme auch von dort aus gleich starten kann.

Formulardaten
Wenn Sie auf einer Internetseite z.B. Ihre Adressdaten eingeben um eine Online-Bestellung abzuschließen, werden die Daten, die Sie in die Formulare einge-

ben gespeichert. Wenn Sie nun auf ein Formularfeld treffen, das genauso heißt (Sie sehen das in der Regel nicht), bietet Ihnen der Internet Explorer schon eine Auswahl an, wenn Sie einen Doppelklick in das Feld machen oder den ersten Buchstaben tippen. Ich persönlich bestelle viel über das Internet und freue mich, dass ich nicht jedes Mal meine kompletten Adressdaten von Hand eingeben muss, sondern einfach aus der angebotenen Auswahl den richtigen Eintrag anklicken kann. Dummerweise passiert es manchmal, dass man sich mal vertippt. Mit der Zeit kann sich da in den Formulardaten eine Menge unnützes Zeugs ansammeln. Hier können Sie das wieder löschen. Die „guten" Einträge sind dann aber auch weg. D.h. beim nächsten Online-Einkauf müssen Sie Ihre Adresse wieder komplett eingeben.

Kennwörter

Kennwörter (Passwörter sind das Selbe) sollte man höchstens auf dem eigenen Rechner speichern, um sie nicht jedes Mal selber eingeben zu müssen. Ich persönlich bin kein Fan davon Kennwörter zu speichern. Ich lerne die lieber auswendig. Das hält jung ☺.

Bevorzugte Webseiten beibehalten

Ich weiß ja nicht wie Sie das sehen. Aber wenn ich aufräume, dann auch richtig. Den Browserverlauf lösche ich immer dann, wenn ich Probleme mit dem Programm habe. Da probiere ich auch nicht lange aus, ob es da ein paar unschuldige Internetseiten gibt. Meist ist es ja nur eine die die Probleme macht. Aber da doktere ich doch nicht lange herum.

InPrivate Browsen

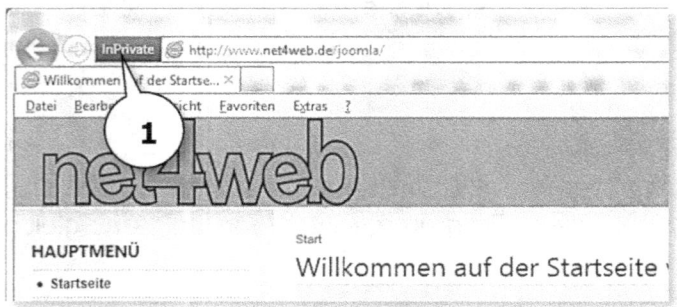

Der Befehl **InPrivate browsen** sperrt jeden Versuch ein Cookie zu speichern und sorgt auch dafür, dass keinerlei temporäre Dateien gespeichert bleiben. Auch der Verlauf und Formulareingaben werden nicht gespeichert. Damit Sie online einkaufen können, werden die Cookies bei Bedarf im Arbeitsspeicher gehalten, beim Beenden des Internet Explorers aber auch gelöscht. Neben der Internetadresse wird Ihnen angezeigt, dass der InPrivate-Filter aktiviert ist (Pfeil 1). Damit surfen Sie nicht anonym! Ohne Einschränkung den InPrivate-Filter zu benutzen heißt aber auch, dass man kaum irgendwo etwas online bestellen kann. Sie sollten den Filter also einfach nach Bedarf einschalten. Der InPrivate-Filter ist ein temporärer Filter. D.h. Er ist nicht ständig einschaltbar. Wenn Sie die Schaltfläche anklicken, öffnet der Internet Explorer 9 ein neues Fenster. Und nur, was sich in diesem Fenster abspielt unterliegt dem InPrivate-Filter. Schließen Sie das Fenster, ist auch der Filter nicht mehr aktiv. Da muss man dann leider immer selber darauf achten, ob man ihn braucht und dann auch aktiviert. Im Bereich Cookies ist die Entwicklung nicht stehen geblieben. Mittlerweile werden auch sogenannte Flash-, Silverlight und Ever-Cookies eingesetzt. Diese werden von der Sperre nicht erfasst. Und auch mit dem Befehl Browserverlauf löschen lassen sie sich nicht entfernen. Die Techniken dabei sind so raffiniert, dass ich mich Frage, ob man das nicht schon als Virus bezeichnen kann. Selbst wenn Sie die Cookies und Flash-Cookies löschen, kann ein anderes Cookie aus den Überresten anderer Bereiche noch ein recht lückenloses Bild Ihrer Surfgewohnheiten bilden. Während „normale" Cookies oft nur wenige KByte groß sind, können Flash- oder Silverlight-Cookies durchaus einige hundert KByte speichern. Lesen Sie sich dazu auch das Kapitel *Tipps & Tricks* durch.

Tracking-Schutz

Unter Tracking versteht man, dass eine Internetseite verfolgen kann, was Sie auf der Seite machen und wohin Sie sich weiterbewegen. Dabei analysiert der Internet Explorer 9 die Seite und sperrt dann den Trackingversuch. Leider ist die Bedienung des Tracking-Schutzes etwas holprig. Damit er nämlich weiß, was er überhaupt blocken soll, müssen Sie sich die **Tracking Protection List** selber erstellen und pflegen. Der Tracking-Schutz richtet sich im Grunde nicht gegen Werbung, sondern nur gegen solche Internetseiten, die Ihr Surfverhalten protokollieren wollen. Auf manchen Internetseiten befinden sich Elemente, die mit anderen Internetseiten verknüpft sind. Diese Internetseiten bekommen dann Information, wie z.B. Ihre IP-Nummer mitgeteilt. Man bekommt davon meist überhaupt nichts mit. Das erste Mal ist es mir aufgefallen, als ich bei einem großen Onlinebuchhändler nachgesehen habe, ob eines meiner Bücher dort gelistet ist. Stunden später war ich auf der Homepage eines Telekommunikationsunternehmens. Dort wurde mir ein Werbebanner angezeigt und darin war doch genau das Buch abgebildet, dass ich mir vorher angesehen hatte. Seitdem sammle ich Screenshots von jeder Seite, bei der mir so was auffällt. Da wird einem erst mal bewusst, wie gläsern man als Konsument ist. Und das ist ja nur die Spitze des Eisbergs ☺.

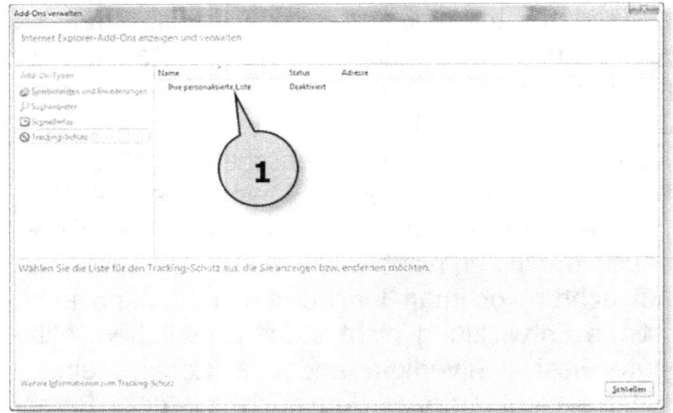

Rufen Sie den Filter auf, sehen Sie erst mal nicht viel. Klicken Sie einmal auf die Schaltfläche **Ihre personalisierte Liste** (Pfeil 1).

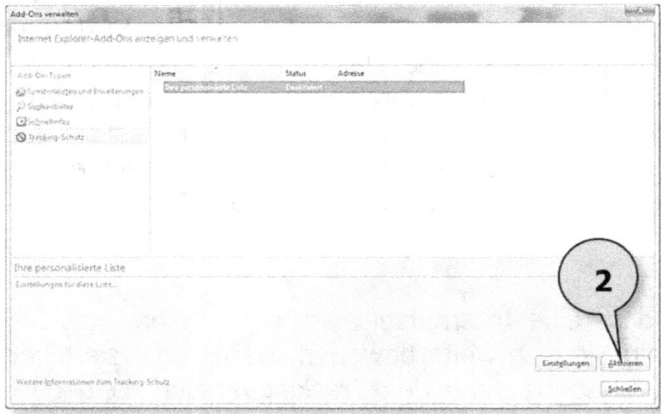

Das markiert zum einen den Eintrag und zum anderen gibt's ein paar neue Schaltflächen. Klicken Sie auf die Schaltfläche **Aktivieren** (Pfeil 2).

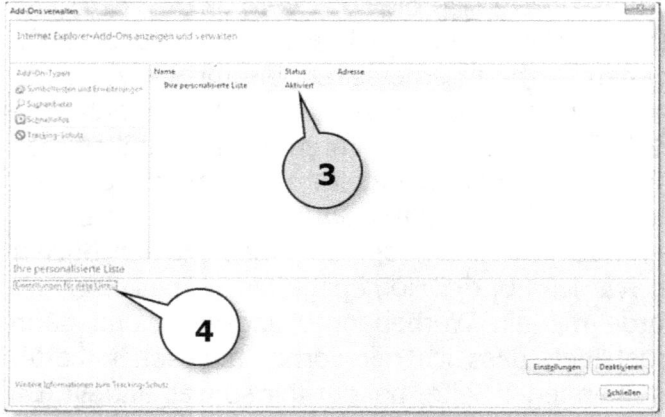

Das aktiviert schon mal den Tracking-Schutz (Pfeil 3).

Internet Explorer 9 für den Hausgebrauch

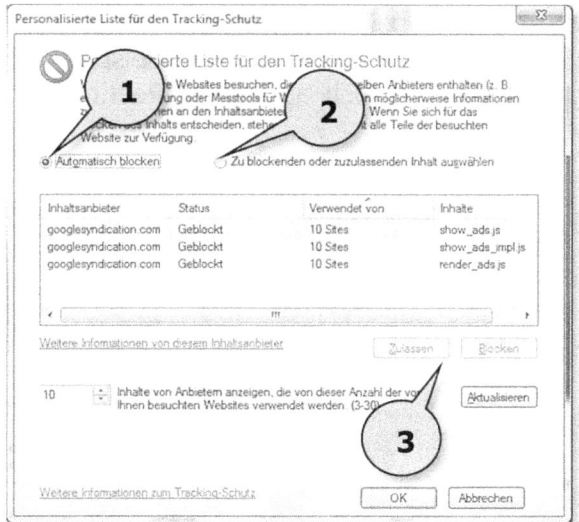

Wenn Sie Einstellungen beim Trackingschutz verändern wollen, müssen Sie zunächst mal Ihre Tracking-Schutz-Liste aufrufen. Dazu klicken Sie auf die Schaltfläche **Einstellungen für diese Liste** (Pfeil 4, vorherige Seite). Dadurch öffnet sich dieses Fenster. Wie Sie sehen, wird hier jeder Tracking-Versuch blockiert (Pfeil 1). Wenn Sie einzelne Sites freigeben wollen, klicken Sie zunächst auf den entsprechenden Eintrag um ihn zu markieren. Danach klicken Sie einmal auf die Schaltfläche **Zu blockenden oder zuzulassenden Inhalt auswählen** (Pfeil 2). Damit erscheinen dann die Schaltflächen **Zulassen** und **Blocken** (Pfeil 3). Wenn Sie das Tracking zulassen möchten, klicken Sie auf die Schaltfläche **Zulassen**. Nicht jeder, der Ihr Surfverhalten trackt ist ein Bösewicht. Im Zweifel sollten Sie einfach mal nach den Inhaltsanbietern in den Suchmaschinen nachforschen. Meistens dienen diese Trackingversuche dazu zu analysieren, was Sie interessiert um Ihnen dann ganz zielgerichtet Werbung anzubieten. Viele Dienste die wir tagtäglich im Internet nutzen, werden uns kostenlos angeboten. Diese Dienste finanzieren sich dann meistens über Werbung. Andere über Spenden. Datenschützern geht aber der Umgang mit den so gewonnenen Daten viel zu weit. Ich bin sicher, dass manche dieser Datenkraken mittlerweile mehr über mich weiß als ich. Ich vergesse mindestens die Hälfte von dem was ich so den ganzen Tag tue. Das Internet hingegen vergisst so schnell nichts!

Wenn irgendwelche Inhalte einer Internetseite geblockt wurden, können Sie das an einem kleinen Parkverbotsschild sehen (Pfeil 1). Im unteren Beispiel gibt sogar die Internetseite eine Meldung aus. Der Versuch auf Ihrem Rechner ein Cookie zu speichern ist nämlich fehlgeschlagen.

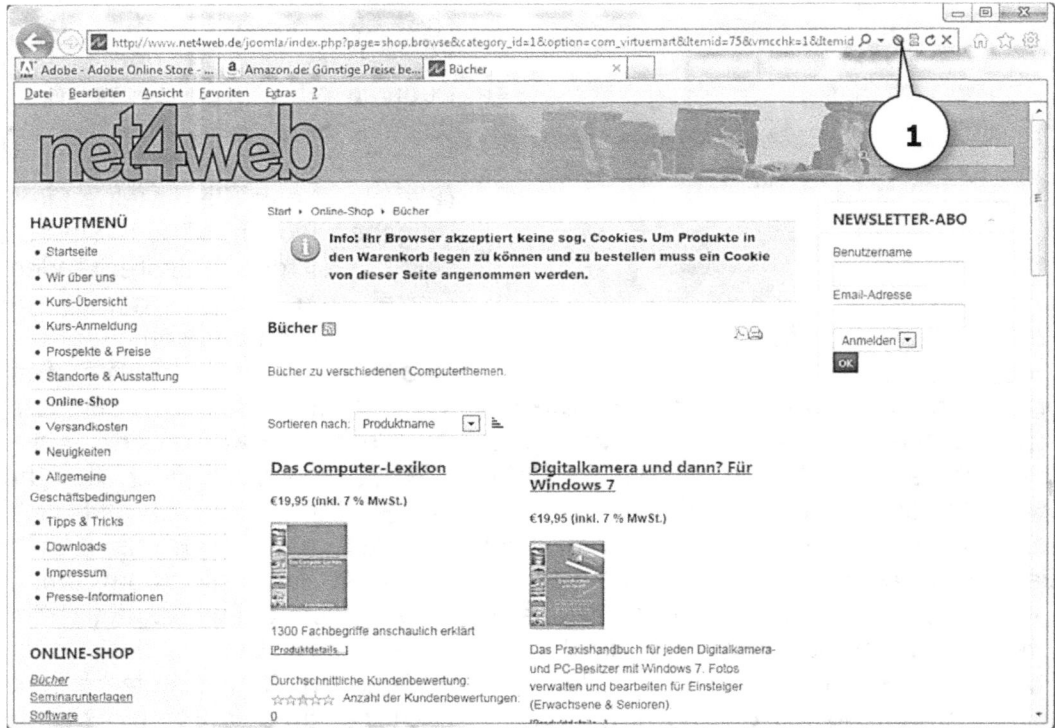

Wenn Sie wissen möchten, was dort geblockt wurde oder Sie die Sperre aufheben möchten, klicken Sie einmal auf das kleine Parkverbot-Symbol (Pfeil 1). Das öffnet ein kleines Fenster, in dem Sie den Tracking-Schutz ausschalten können.

ActiveX-Filterung

Der ActiveX-Filter lässt sich per Mausklick einschalten und auch genauso wieder ausschalten. ActiveX sind Scripts, die meist nützlich eingesetzt werden. Dummerweise sind sie aber auch potentiell gefährlich und werden von Kriminellen auch benutzt um Ihren Browser zu attackieren. Mit dem Filter können Sie erst einmal alle ActiveX sperren und dann nur die freigeben, denen Sie vertrauen. Im folgenden Beispiel sehen Sie, das zwei Meldungen auftreten. Zum einen teilt mir die Internetseite mit, dass ich Cookies aktivieren muss, um Waren bestellen zu können (Pfeil 1). Außerdem ist ein kleines Informationsfenster aufgegangen, in dem ich entscheiden kann, ob ich den ActiveX-Filter ausschalten möchte (Pfeil 2). Dieses Fenster ist nicht ohne mein Zutun aufgegangen. Das irgendwelche Inhalte geblockt werden, zeigt der Internet Explorer 9 hinter der Adresseingabezeile mit einem winzigen „Parkverbotsschild" an (Pfeil 3). Klickt man das Symbol an, erscheint das Fenster. Vertraut man der Seite, Schaltet man den Filter aus und kann die Seite dann auch ohne Probleme benutzen.

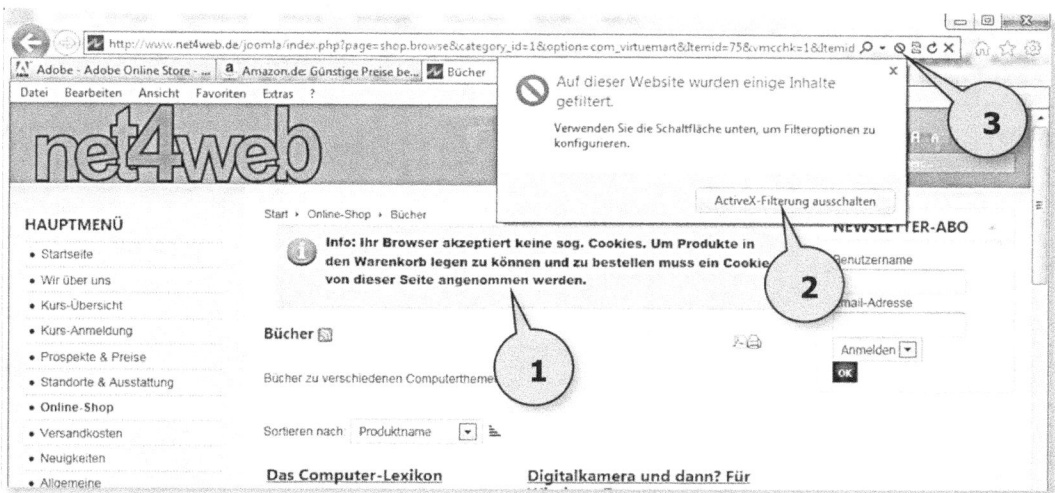

Diagnose von Verbindungsproblemen

Funktioniert Ihre Internetverbindung plötzlich nicht mehr, können Sie die Diagnose starten. Vielleicht hilft Ihnen die Diagnose ja mal weiter. Vor allem bei Problemen mit der Netzwerkkarte wirkt das oft Wunder. Wenn Sie keinerlei Einstellungen bezgl. Des Internetzugangs verändert haben sollten Sie einfach mal PC und Router aus- und wieder einschalten. Dabei kann es manchmal wichtig sein den Router eine halbe Minute früher einzuschalten als den PC. Sonst kann es vorkommen, dass der PC keine IP-Nummer zu gewiesen bekommt.

Letzte Browsersitzung erneut öffnen

Machen wir uns nichts vor. Der Internet Explorer oder Windows oder irgendein anderes Programm werden irgendwann mal abstürzen und Si werden zu einem Neustart gezwungen sein. Ärgerlich ist es nicht nur dabei Daten zu verlieren, sondern auch stundenlange Rechercharbeit. Mit dem Befehl **Letzte Browsersitzung erneut öffnen** starten Sie alle Internetseiten, die beim letzten Arbeiten mit dem Internet Explorer 9 geöffnet waren.

Website dem Startmenü hinzufügen

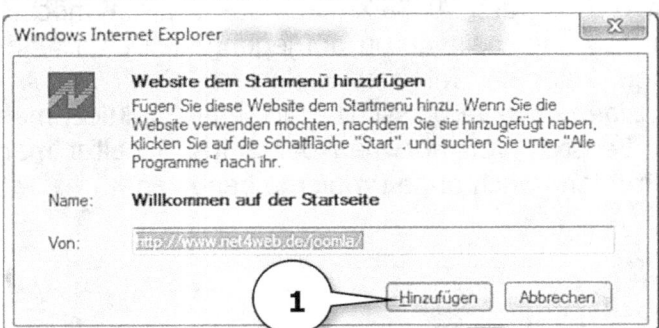

Den Befehl finde ich auch nicht unpraktisch. Er öffnet dieses kleine Fenster. Klicken Sie auf die Schaltfläche **Hinzufügen** (Pfeil 1), können Sie diese Internetseite zukünftig direkt aus dem Startmenü aufrufen (Pfeil 2).

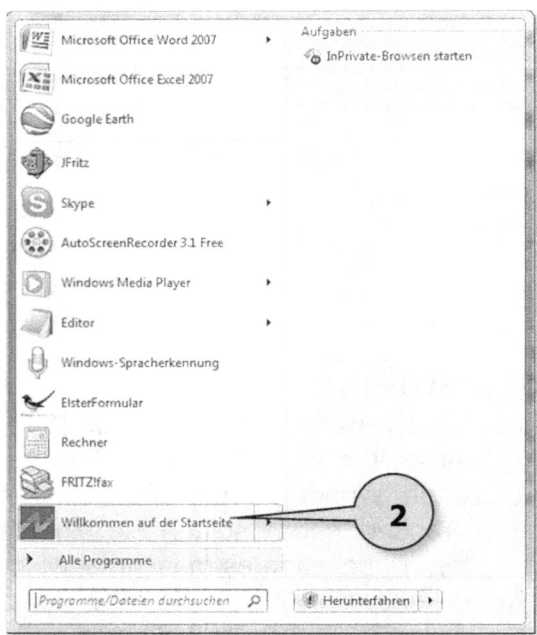

Diese Seite bekommt dann auch in der Taskleiste ein eigenes Symbol (Pfeil 3).

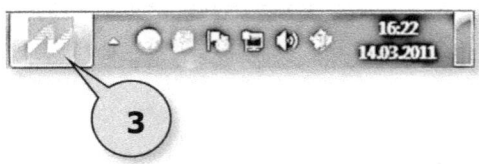

Auch die Kopfzeile des Internet Explorer wird angepasst. Sogar farblich (Pfeil 4).

Downloads anzeigen

Wenn Sie im Internet arbeiten, werden Sie auch irgendwann eine Datei herunterladen wollen. Vielleicht ein Programm, das Ihnen gefällt. Wenn Sie von einer Internetseite einen solchen Download starten, erscheint am unteren Fensterrand ein kleines Informationsfenster (Pfeil 1). Sie werden dort gefragt, ob Sie das Programm **Ausführen** oder **Speichern** möchten oder evtl. den Downloadvorgang auch **Abbrechen** möchten. Das Fenster zeigt Ihnen immer den tatsächlichen Namen der Datei an. Es kann Ihnen also niemand ein Programm (name.exe) unterschieben, obwohl Sie im Glauben sind ein Bild herunterzuladen. Das Informationsfenster zeigt Ihnen auch an, dass eine solche Datei potentiell gefährlich ist. Sie sollten ausführbare Programme immer nur von Seiten herunterladen, denen Sie vertrauen.

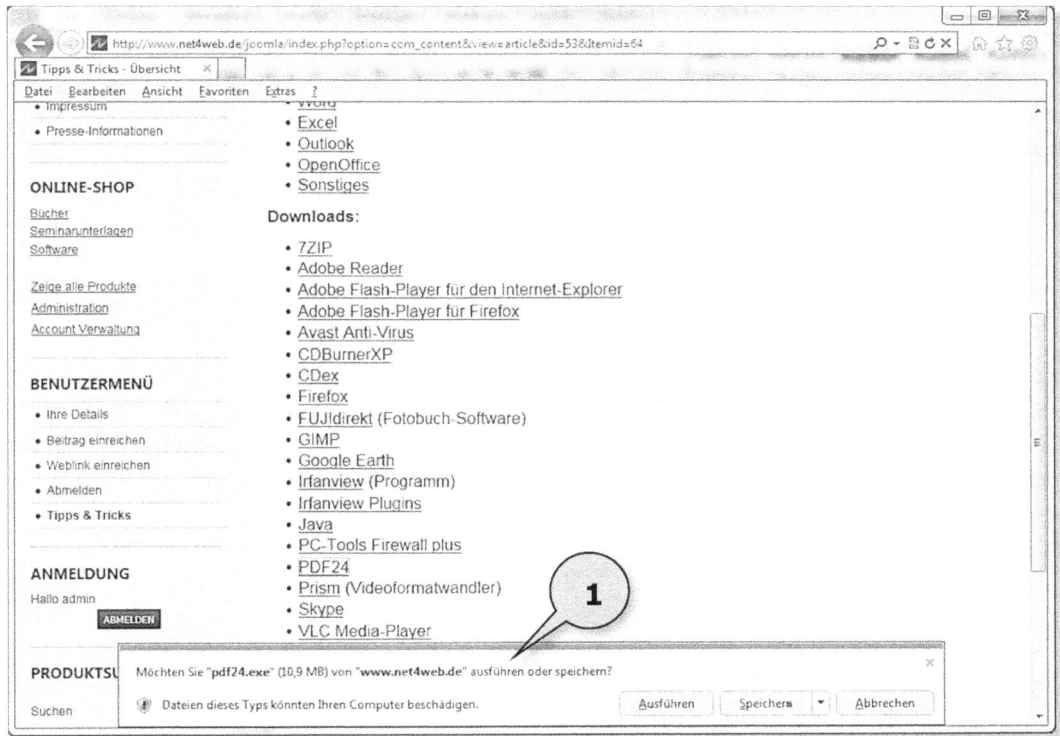

Ich persönlich bin kein großer Fan davon ein Programm gleich über das Internet zu installieren. Da muss nur während der Installation die Internetverbindung abreißen. Das kann im ungünstigsten Fall dazu führen, dass der Rechner nicht mehr startet. Oder wenn plötzlich die Übertragung sehr langsam wird, kann ich u.U. die Installation nicht mehr abbrechen. Ich bevorzuge es, Downloads erst einmal zu speichern und dann von meiner Festplatte aus zu installieren.

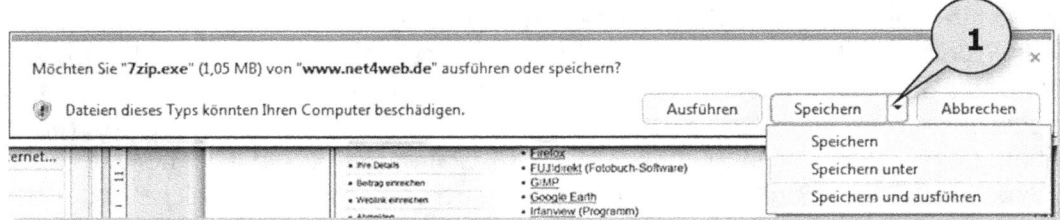

Wenn Sie auf den kleinen Pfeil neben der Schaltfläche **Speichern** (Pfeil 1) klicken, bekommen Sie eine kleine Auswahl an Möglichkeiten angezeigt. Klicken Sie einfach auf **Speichern**, speichert der Internet Explorer 9 die Datei in der Bibliothek *Downloads*. Sie ist im Windows Explorer meist ganz links oben zu finden. Klicken Sie stattdessen auf **Speichern unter**, können Sie den Speicherort selber auswählen. Sie kennen das aus anderen Windows-Programmen. Oder Sie klicken auf **Speichern und ausführen**. Dann wird die Datei auch in der Bibliothek Downloads gespeichert und danach sofort installiert. Das spart etwas Zeit.

Ist der Download abgeschlossen, wird eine Sicherheitsüberprüfung der heruntergeladenen Datei durchgeführt. Sollte die Datei Schadsoftware enthalten oder die Downloadquelle als gefährlich eingestuft worden sein (z.B. Phishing), erhalten Sie eine Warnmeldung und können entscheiden, ob Sie den Download abbrechen oder fortsetzen wollen.

Das bei vielen Downloads der Herausgeber nicht verifiziert werden konnte, sollte Sie nicht wirklich abschrecken die Datei trotzdem herunter zu laden. Nicht jeder Hersteller arbeitet da mit Microsoft® zusammen.

Internet Explorer 9 für den Hausgebrauch

Internet Explorer 9 ist übrigens so voreingestellt, dass er nur zwei Downloads gleichzeitig durchführen kann. Mir war das zu wenig ☺. Lesen Sie sich dazu das Kapitel *Tipps & Tricks* durch.

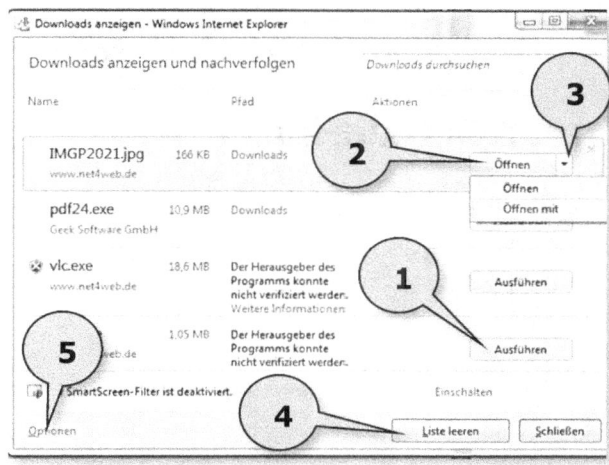

Wie Sie sehen, findet sich eine Liste mit den durchgeführten Downloads, wenn Sie auf die Schaltfläche **Downloads anzeigen** klicken. Auch hier haben Sie die Möglichkeit durch einen Klick auf **Ausführen** (Pfeil 1) das jeweilige Programm zu starten. Anders verhält es sich, wenn Sie z.B. ein Foto heruntergeladen haben. Daneben steht dann **Öffnen** (Pfeil 2). Ein Klick darauf öffnet die Datei in dem dafür vorgesehenen Programm. Möchten Sie die Datei mit einem anderen Programm öffnen, klicken Sie auf den kleinen Pfeil hinter **Öffnen** (Pfeil 3), klicken Sie auf Öffnen mit und wählen Sie aus der Liste das gewünschte Programm aus. Wird Ihnen die Liste zu lang können Sie Sie mit einem Klick auf **Liste leeren** (Pfeil 4) wieder frei kriegen.

Wenn Sie den voreingestellten Standardpfad **Downloads** ändern wollen, klicken Sie auf **Optionen** (Pfeil 5). Im sich öffnenden Fenster können Sie über die Schaltfläche **Durchsuchen** (Pfeil 6) einen anderen Speicherort festlegen.

Popup-Blocker

Der Popup-Blocker kann ein- und ausgeschaltet werden. Popups werden Werbefenster genannt, die meist unvermittelt geöffnet werden und dann ihre Werbebotschaft einblenden. Ist der Popup-Blocker eingeschaltet, öffnen sich die meisten dieser Werbefenster nicht mehr. Allerdings gibt es natürlich auch sinnvollere Anwendungen, Ihnen Informationen die Sie vielleicht gerade suchen, in einem neuen Fenster zu öffnen. Die werden dann dummerweise auch blockiert. In diesem Fall müssen Sie dann den Popup-Blocker wieder ausschalten.

SmartScreen-Filter

Der SmartScreen-Filter ist eine Sicherheitsfunktion des Internet-Explorer 9. Wenn Sie sich nicht sicher sind, ob eine Internetseite seriös ist, können Sie sie überprüfen lassen. Microsoft stellt dazu eine Datenbank im Internet zur Verfügung, die dazu abgefragt wird. Wie Sie im linken Bild sehen, kann der SmartScreen-Filter ein- bzw. ausgeschaltet werden. Ich würde schon dazu raten, den Filter eingeschaltet zu lassen. Denn wenn Sie eine Internet-Seite anwählen, die bereits als gefährlich eingestuft ist, dann schlägt der Internet Explorer 9 Alarm. Und das sieht dann etwa so aus wie im folgenden Bild.

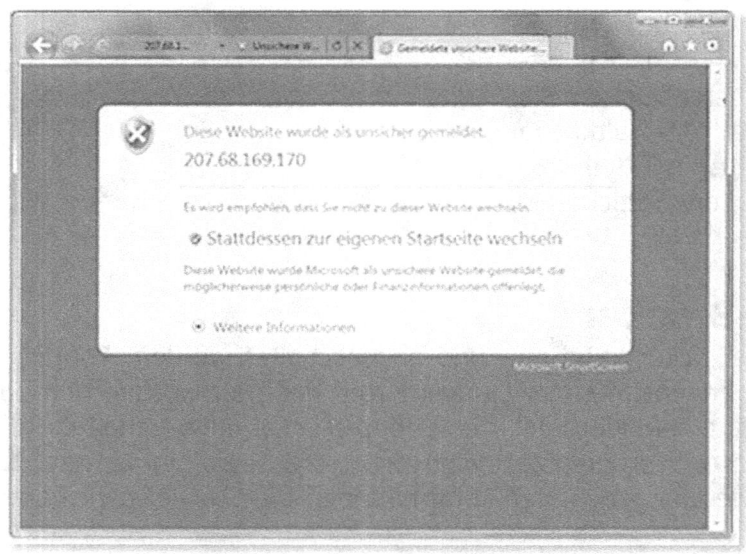

Sie können auch selber aktiv mitmachen um diese Böse-Seiten-Datenbank zu verbessern. Wenn Sie auf Internetseiten stoßen, bei denen z.B. Ihr Antiviren-Programm meldet, dass diese Seite versucht Ihnen einen Virus unterzujubeln,

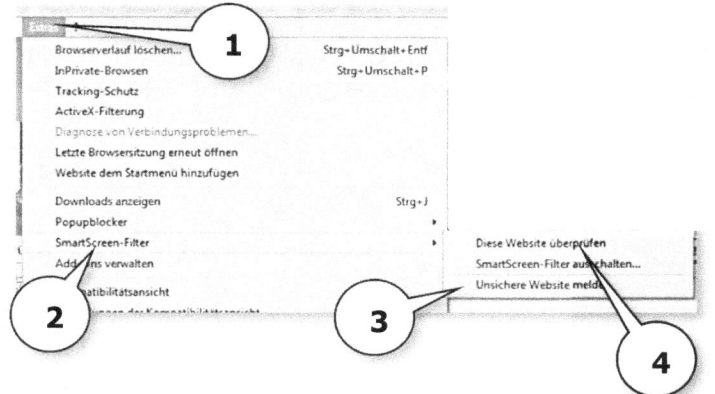

dann können Sie diese Seite an Microsoft melden. Dazu klicken Sie auf **Extras/SmartScreen-Filter /Unsichere Website melden** (Pfeile 1-3). Microsoft Sicherheitsexperten sehen sich diese Seite dann mal genau an.

Wenn Sie sich nicht sicher sind, ob die Seite seriös ist, klicken Sie stattdessen auf **Diese Webseite überprüfen** (Pfeil 4). Ist die Seite sauber, sollte die Meldung etwa so aussehen.

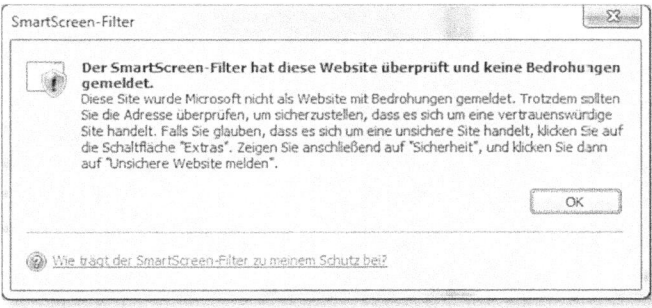

Die Überprüfung kann ein paar Sekunden dauern. Wenn die folgende Meldung erscheinen sollte, sollten Sie die Seite zu einem späteren Zeitpunkt noch einmal aufsuchen und das Ganze nochmal versuchen. Wenn der Dienst nämlich gerade nicht erreichbar ist, können Sie sich nur auf Ihren gesunden Menschenverstand verlassen.

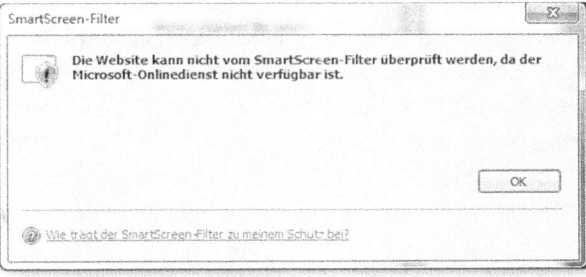

Add-Ons verwalten

Add-Ons sind Zusatzprogramme für den Internet-Explorer 9. Einige davon sind nützliche Helferlein. Andere stören oder bremsen das System aus. Auf jeden Fall aber benötigen Sie Arbeitsspeicher und Rechenzeit. Mit Add-Ons verwalten können Sie diese Programme anch belieben aktivieren oder deaktivieren. In der Liste sehen Sie, unter **Status**, immer, ob das jeweilige Add-On aktiviert ist oder nicht (Pfeil 1).

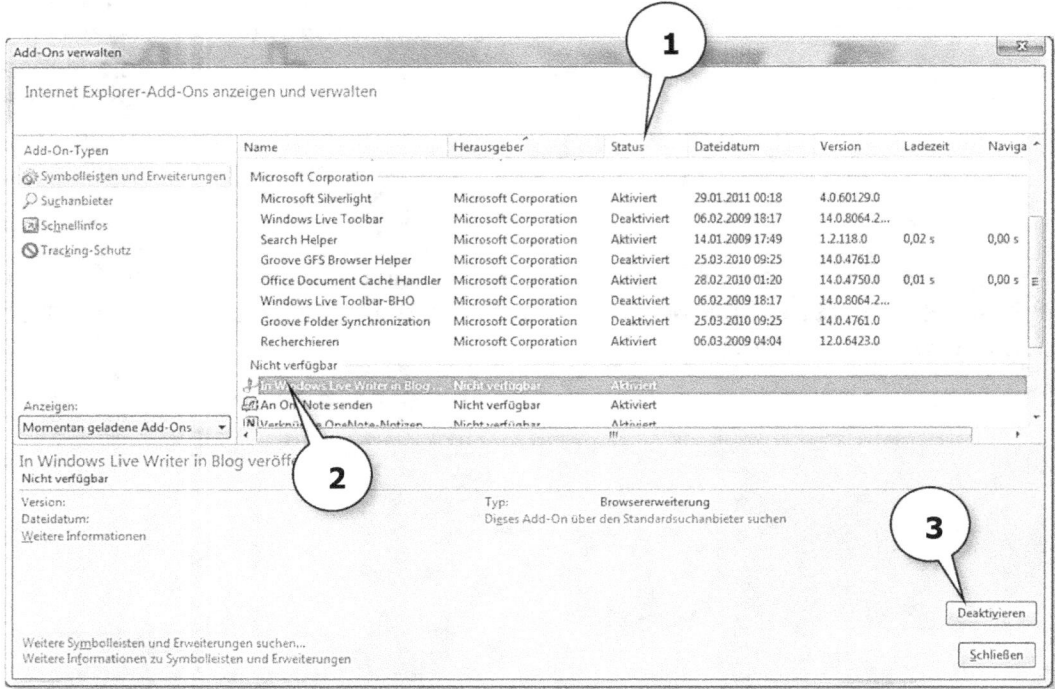

Um ein Programm z.B. zu deaktivieren, müssen Sie es zunächst einmal anklicken. Ich habe das hier mal exemplarisch gemacht (Pfeil 2). Anschließend klicken Sie auf die Schaltfläche **Deaktivieren** (Pfeil 3). Umgekehrt lassen sich Add-Ons natürlich genauso wieder aktivieren. Natürlich ändert sich dann auch der Name der Schaltfläche von Pfeil 3 auf **Aktivieren** ☺.Einige Add-Ons sind aber heute so wichtig, dass man sie einfach nicht abschalten sollte. Adobe Reader, Flash oder Java gehören sicherlich dazu.

Kompatibilitätsansicht

Die Kompatibilitätsansicht dient dazu, ältere Internetseiten, die nicht zu den aktuellen Standards kompatibel sind besser darzustellen. Sie glauben ja gar nicht, wie viele Unternehmen vor 10 Jahren mal eine Internetseite ins Netz gestellt haben, die heute noch unverändert ist. Wenn Sie auf eine Internetseite stoßen, von der Sie denken, dass sie nicht richtig dargestellt wird, sollten Sie den Kompatibilitätsmodus einschalten. Sieht die Seite danach „besser" aus, ist es OK. Wenn nicht, müssen Sie damit leben. Dann hat die Seite eben ein schlechter Internetprogrammierer gemacht ☺. Sie können die Kompatibilitätsansicht nicht nur über Extras/Kompatibilitätsansicht einschalten, sondern auch durch einen Klick auf das Symbol hinter der Adresseingabezeile (Pfeil 1).

Einstellungen der Kompatibilitätsansicht

Dinge können sich ändern und Internetseiten tun das auch. Irgendwann ist die Internetseite vielleicht auf dem neuesten Stand. Dann können Sie sie über die **Einstellungen der Kompatibilitätsansicht** wieder aus der Liste löschen und damit im „Normalmodus" anzeigen lassen. Dazu markieren Sie die Seite in der Liste (Pfeil 2) und klicken auf die Schaltfläche **Entfernen** (Pfeil 3). Interessant ist sicherlich die Funktion **Aktualisierte Websitelisten von Microsoft einbeziehen** (Pfeil 4). Damit wird die Liste der Webseiten in der Kompatibilitätsansicht immer recht aktuell gehalten. Der Nachteil ist, dass Sie viele dieser Seiten wahrscheinlich niemals besuchen werden ☺. **Alle Websites in der Kompatibilitätsansicht anzeigen** (Pfeil 5) zu lassen ist zwar ein bequemer Weg aber sicherlich kein sinnvoller ☺.

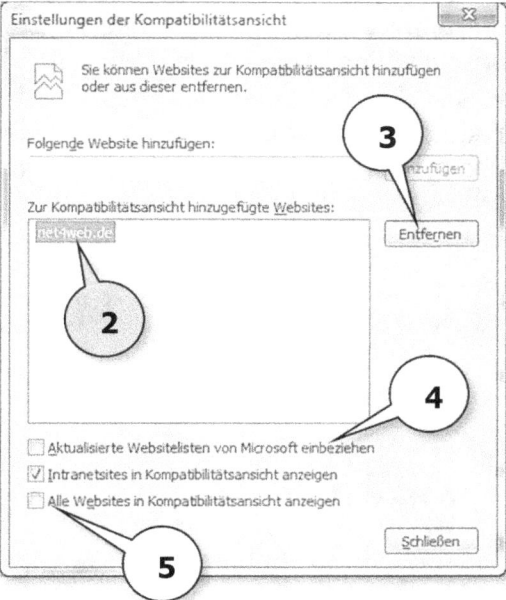

Feed abonnieren

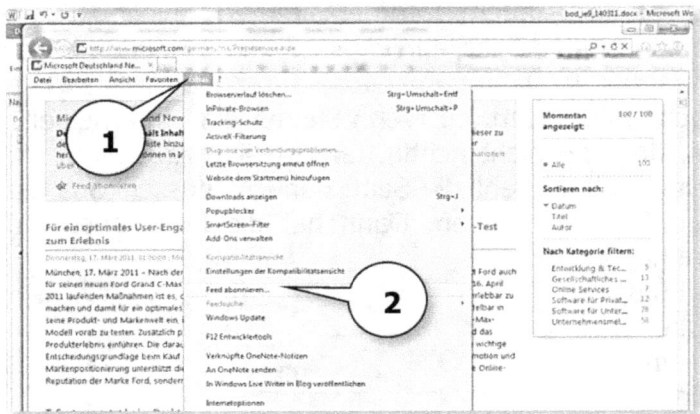

Feeds können z.B. Nachrichtenticker sein, aktuelle Börsenkurse oder Werbung. Treffen Sie auf eine Internetseite, die Feeds anbietet, dann können Sie diese auch über **Extras/Feeds abonnieren** (Pfeile 1 & 2) eben abonnieren. Dabei öffnet sich dieses kleine Fenster, in dem Sie Informationen wie z.B. den Herausgeber des Feeds finden. Klicken Sie auf die Schaltfläche **Abonnieren** (Pfeil 3) und die Sache ist schon erledigt. Wenn Sie einen gespeicherten Feed wieder aufrufen wollen, klicken Sie auf den Stern, als ob Sie Ihre gespeicherten Favoriten aufrufen wollen (Pfeil 4). Klicken Sie anschließend auf Feeds (Pfeil 5). Et voila. Da sind Ihre gespeicherten Feeds. Die Verwaltung funktioniert übrigens genauso wie bei den Favoriten. Also auch das Löschen ☺.

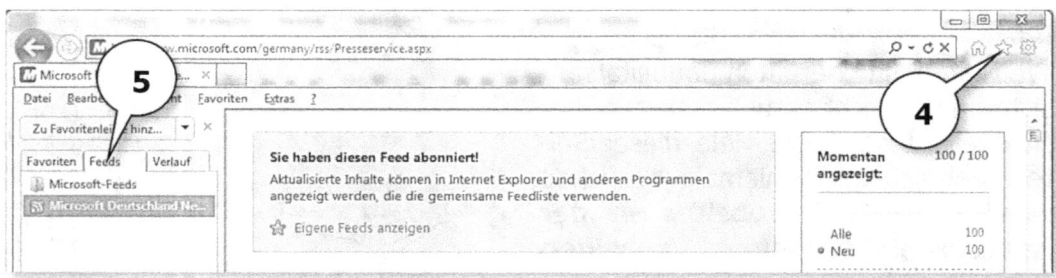

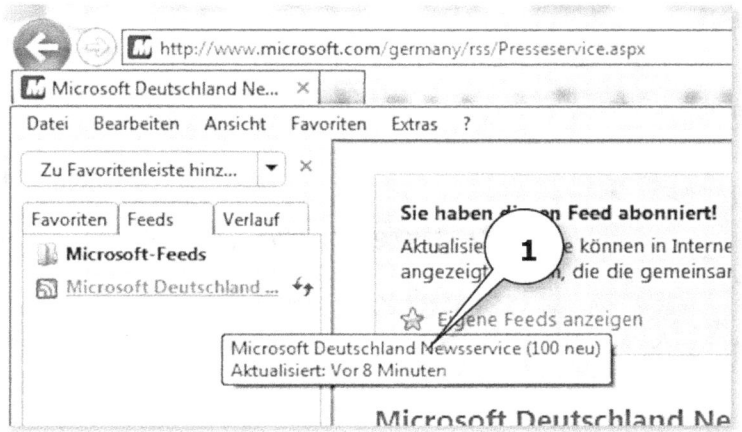

Interessant an den Feeds ist, dass Sie sehen können, ob die betreffende Seite aktualisiert wurde. Und das, bevor Sie die Seite besuchen. Dazu lassen Sie einfach den Mauszeiger auf dem Feed verweilen, bis eine kleine Hilfszeile erscheint, die Ihnen anzeigt, wann die Seite zuletzt aktualisiert wurde (Pfeil 1).

Feedsuche

Wenn Sie auf einer Webseite sind und vor lauter blinkenden Schaltflächen die Feed nicht finden, können Sie über die Funktion **Extras/Feedsuche** danach suchen lassen. Wird eine Seite gefunden, wird sie sofort angezeigt und Sie können diese direkt abonnieren.

Windows Update

Extras/Windows Update führt Sie in die ganz normale Übersicht der zur Verfügung stehenden Updates. Sie kennen das schon von Windows her. Ich hoffe doch, dass Sie die Updates regelmäßig herunterladen? Damit werden häufig gefährliche Sicherheitslücken geschlossen. Denken Sie immer daran. Gerade Programme, mit denen Sie sich im Internet bewegen sind die bevorzugten Ziele von Hackern!

F12 Entwicklertools

Die Entwicklertools können Sie entweder über **Extras/F12 Entwicklertools** aufrufen oder Sie drücken einfach die Taste **F12** auf Ihrer Tastatur. Für den „normalen" Internetnutzer ist diese Funktion ziemlich uninteressant. Internet-Programmierer können mit dem Programm aber Ihre programmierten Seiten auf Kompatibilität prüfen, bevor sie sie auf die Menschheit loslassen ☺. Mal sehen, ob das Tool auch genutzt wird.

Internetoptionen

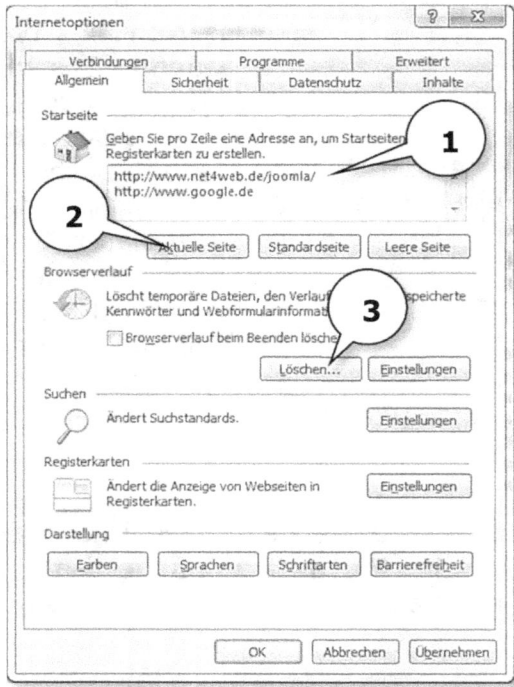

Klicken Sie auf **Extras/ Internetoptionen** öffnet sich ein kleines Fenster mit sieben Registerkarten.

Registerkarte „Allgemein"

Startseite
Im Bereich **Startseite** können Sie mehrere Startseiten einrichten. Dazu schreiben Sie die Internetadressen in das dafür vorgesehene Feld (Pfeil 1). Wenn Sie mehrere Startseiten verwenden, müssen Sie nach jeder Adresse die **Enter**-Taste Ihrer Tastatur drücken. Jede Adresse muss nämlich in einer eigenen Zeile stehen. Ich habe zugegebenermaßen nie ausprobiert, wie viele Startseiten man einrichten kann. 10 Stück habe ich aber schon erfolgreich getestet. Wenn Sie die Adresse nicht selber tippen wollen, können Sie die aktuell angezeigte Internetseite auch durch einen Klick auf die Schaltfläche **Aktuelle Seite** (Pfeil 2) übernehmen. Wenn Sie diese Seite zu bereits vorhandenen Seiten hinzufügen wollen, sollten Sie darauf achten, dass keine der Adressen markiert ist und der Cursor in einer leeren Zeile blinkt. Sonst werden Ihre bereits vorhanden Startseiten gelöscht! Klicken Sie auf die Schaltfläche **Standardseite**, wird eine Microsoftseite als Startseite eingerichtet. Und **Leere Seite** startet wirklich eine leere, weiße Seite.

Browserverlauf
Wie man den Browserverlauf löscht haben Sie ja bereits gelernt. Die Taste **Löschen** (Pfeil 3) macht das Gleiche wie im Kapitel *Browserverlauf löschen* beschrieben. Hier können Sie aber noch ein paar zusätzliche Dinge machen. Sie können **Browserverlauf beim Beenden löschen** (Pfeil 1, folgende Seite) anklicken. Jedes Mal wenn Sie den Internet Explorer 9 beenden, würde dann der Verlauf komplett gelöscht. Manche User glauben, dass sie damit ihre Surfspuren verwischen können, wenn sie verbotenerweise in der Firma private Din-

ge im Internet erledigen. Glauben Sie mir: Ein Netzwerkadministrator hat noch ganz andere Möglichkeiten Ihr Surfverhalten zu protokollieren. Ich persönlich finde es jetzt nicht so tragisch mal was Privates über den Firmenrechner zu erledigen. Solange es nicht überhandnimmt. Man sollte dabei nämlich nie vergessen, wer einem die Sonntagsbrötchen bezahlt! Die Schaltfläche **Einstellungen** (Pfeil 2) sollten Sie unbedingt mal anklicken.

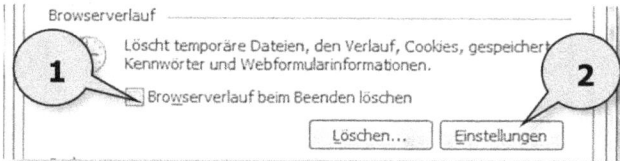

Über den Button können Sie einige Dinge verändern, die möglicherweise nicht unerheblichen Anteil an der Arbeitsgeschwindigkeit Ihres Computers haben.

Achten Sie darauf, dass der Speicherplatz für die temporären Dateien nicht zu groß ist (Pfeil 3). 50MByte reichen völlig aus.

Ähnlich verhält es sich beim **Verlauf** (Pfeil 4). Besuchte Internetseiten über 20 Tage zu speichern reicht wohl völlig aus. In alten Internet-Explorer-Versionen war das die Obergrenze. Im Internet-Explorer 9 ist die Grenze bei 999 Tagen. Was interessiert mich eine Internetseite von vor drei Jahren.

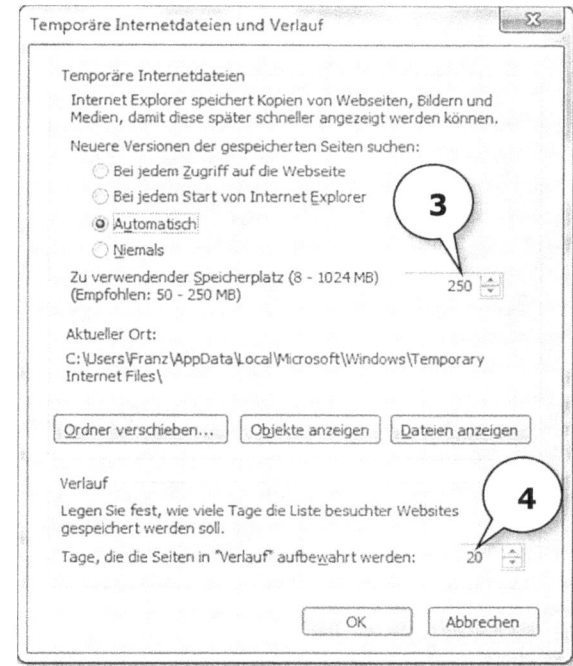

Die gibt es wahrscheinlich in dieser Form nicht einmal mehr. Das ist so interessant wie das Wetter von gestern ☺.

Suchen

Je nachdem woher Sie den Internet Explorer 9 haben, könnte es sein, dass nicht der Suchdienst eingerichtet ist, den Sie gerne hätten. Im Feld **Suchen** können Sie durch klicken auf den Button **Einstellungen** (Pfeil 1) einen anderen Suchdienst auswählen.

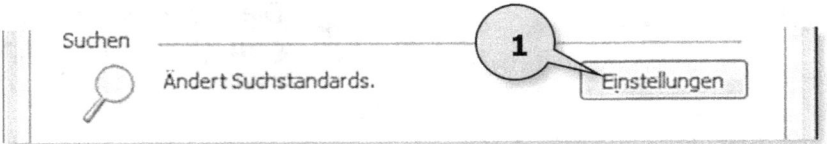

Das folgende Fenster öffnet sich.

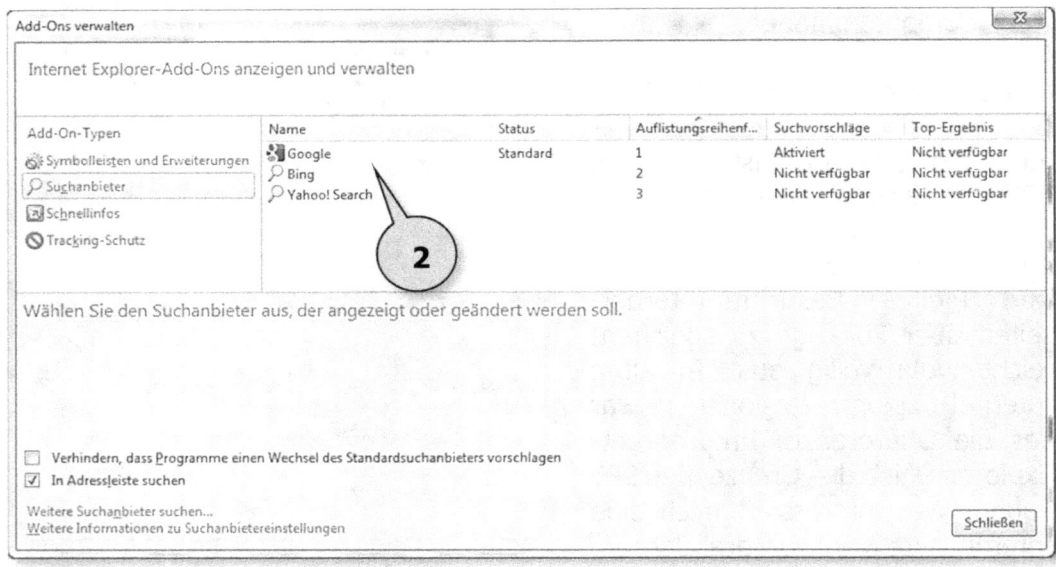

Sie sehen, in diesem Beispiel sind schon drei Suchdienste voreingestellt (Pfeil 2).

Wenn Sie einen anderen der Suchanbieter, als den Vorgegebenen auswählen wollen, dann klicken Sie diesen zunächst einmal an, um ihn zu markieren. Im unteren Beispiel möchte ich den Suchdienst *Bing* als Standardsuchdienst festlegen.

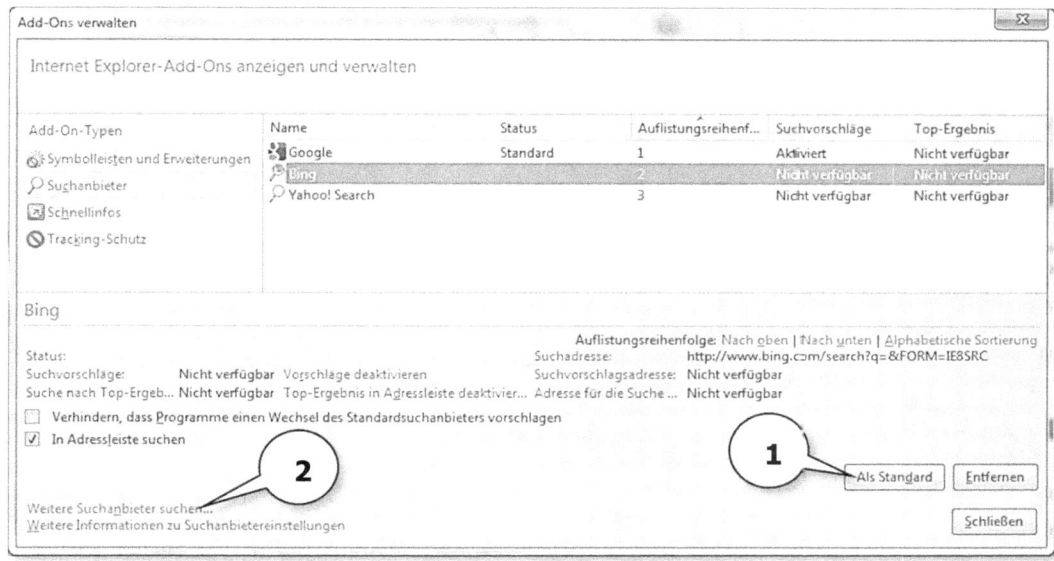

Damit erscheinen ein paar neue Schaltflächen. Jetzt müssen Sie nur noch auf die Schaltfläche **Als Standard** (Pfeil 1) klicken und schon ist der Suchdienst geändert. Bleibt nur noch die Frage, warum Sie den Suchdienst ändern wollen sollten und woran Sie das dann überhaupt merken. Wenn Sie in der Adresseingabezeile keine gültige Internetadresse eingeben, sondern z.B. eine Folge von Wörtern als Suchbegriffe tippen, dann erfolgt die Suche bei dem Suchdienst, den Sie hier als Standard festgelegt haben.

Nehmen wir mal an, der Suchdienst Ihrer Wahl ist hier überhaupt nicht aufgelistet. D.h. nicht, dass Sie den nicht einstellen können. Sie müssen ihn nur zuerst einmal installieren. Dazu klicken Sie auf die Schaltfläche **Weitere Suchanbieter suchen...** (Pfeil 2).

Das folgende Fenster öffnet sich und Ihnen wird eine Liste der zur Verfügung stehenden Suchdienste angezeigt. Wenn Sie einen oder auch mehrere Suchdienste installieren möchten. Klicken Sie einfach auf die entsprechende Schaltfläche (Pfeil 1). Ich persönlich recherchiere gerne bei Wikipedia. Er ist ähnlich wie ein Lexikon aufgebaut und die Artikel sind überwiegend sehr fundiert.

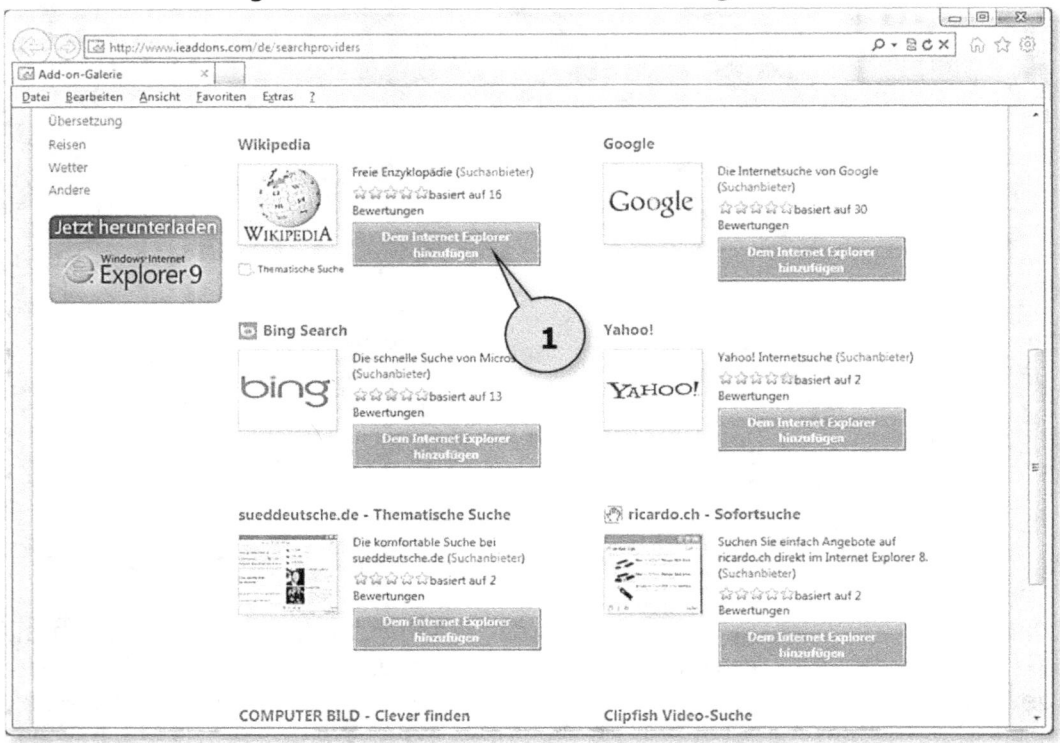

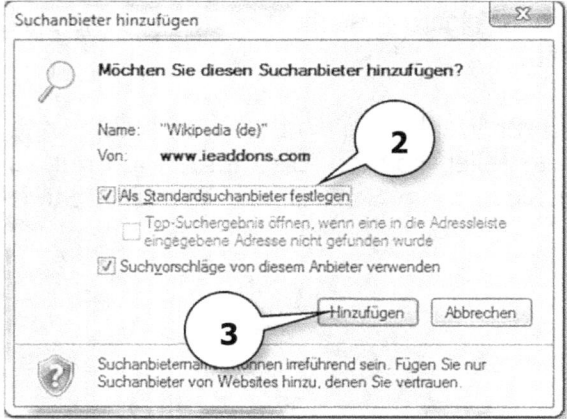

Setzen Sie das Häkchen bei **Als Standardsuchanbieter festlegen** (Pfeil 2) und anschließend auf **Hinzufügen** (Pfeil 3) und schon ist der Suchdienst installiert.

Damit Sie die Änderung sehen, müssen Sie das Suchdienstefenster schließen und wieder öffnen. Durch Klick auf **Aktiviert** oder **nicht verfügbar** können Sie die Unterstützung der jeweiligen Suchdienste nach Belieben ein- bzw. ausschalten. Sie können also auch mehrere Suchdienste aktivieren. Wenn Sie zukünftig in der Adresszeile einen Suchbegriff eingeben, können Sie im Auswahlmenü anklicken, über welchen Dienst die Suche gestartet werden soll (Pfeil 1). Klicken Sie einfach auf das entsprechende Symbol.

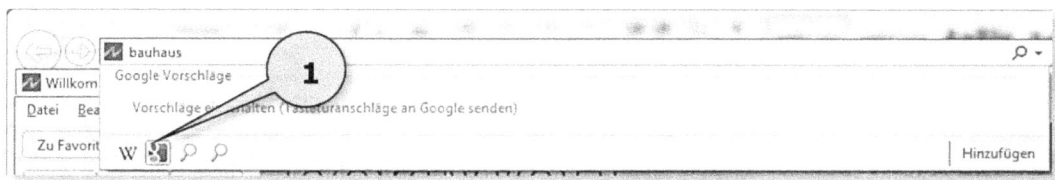

Registerkarten

Das Feld **Registerkarten** und dort der Button **Einstellungen** (Pfeil 2) ermöglicht eine interessante Einstellung für den Internet Explorer 9. Man kann nämlich hier auswählen, ob man alle Internetseiten als Registerkarten darstellen möchte. Dann wird bei Popups der Bildschirm nicht so mit neuen Fenstern überschwemmt.

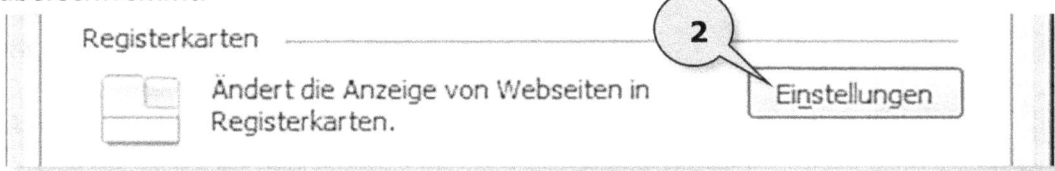

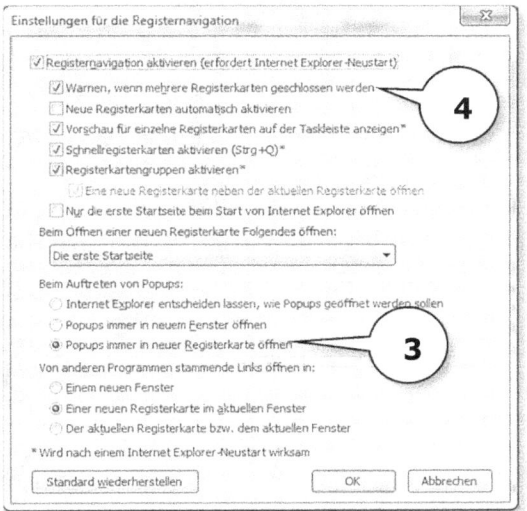

Dazu klicken Sie einfach den Menüpunkt **Popups immer in neuer Registerkarte öffnen** (Pfeil 3) an.

Wenn Sie den Menüpunkt **Warnen, wenn mehrere Registerkarten geschlossen werden** (Pfeil 4) aktivieren, dann erscheint beim Verlassen des Programms erst ein kleines Fenster.

Internet Explorer 9 für den Hausgebrauch

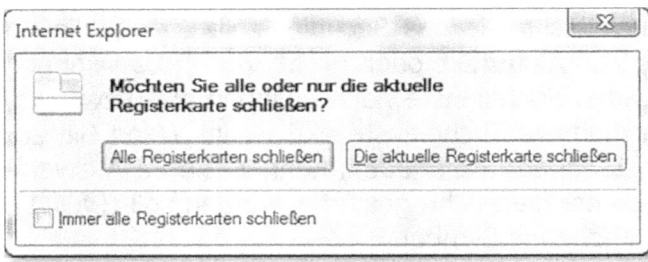

Hier können Sie nochmal kurz überlegen, ob Sie wirklich **Alle Registerkarten schließen** wollen oder ob Sie sich nur verklickt haben und eigentlich nur **Die aktuelle Registerkarte schließen** wollten.

Was glauben Sie, wie oft mir das schon versehentlich passiert ist ☺.

Registerkarte „Sicherheit"

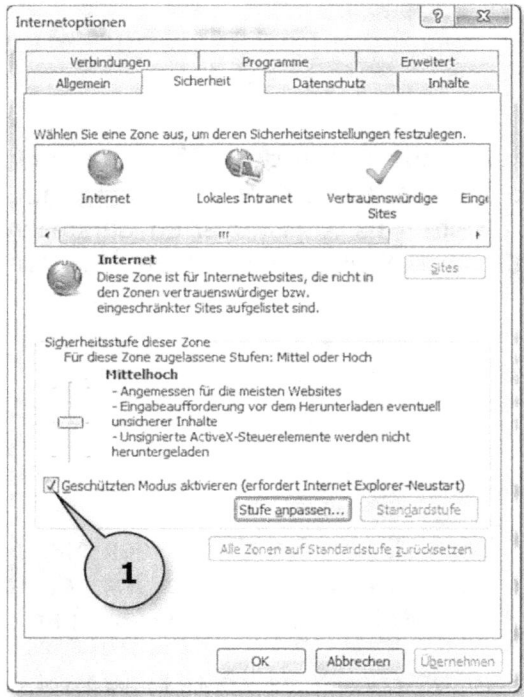

Auf der Registerkarte Sicherheit lassen sich für z.B. Internet und Intranet unterschiedliche Sicherheitsstufen einstellen. In einem Intranet haben normalerweise nur Computer eines lokalen Netzwerks Zugriff. D.h. dort muss die Sicherheit nicht so hoch eingestellt sein, wie bei der Internetnutzung. Der Administrator hat schließlich die Verfügungsgewalt über das, was im Intranet geht und was nicht. Einstellungen sollten Sie hier nur vornehmen, wenn Sie genau wissen was Sie da tun.

Den **Geschützten Modus** (Pfeil 1) sollten Sie immer eingeschaltet lassen. Er sorgt dafür, dass jedes Mal, wenn eine Internetseite versucht ein Programm auf Ihrem Rechner zu installieren eine Warnmeldung erscheint. Sie können dann von Fall zu Fall selber entscheiden, ob Sie die Installation akzeptieren oder nicht.

Registerkarte „Datenschutz"

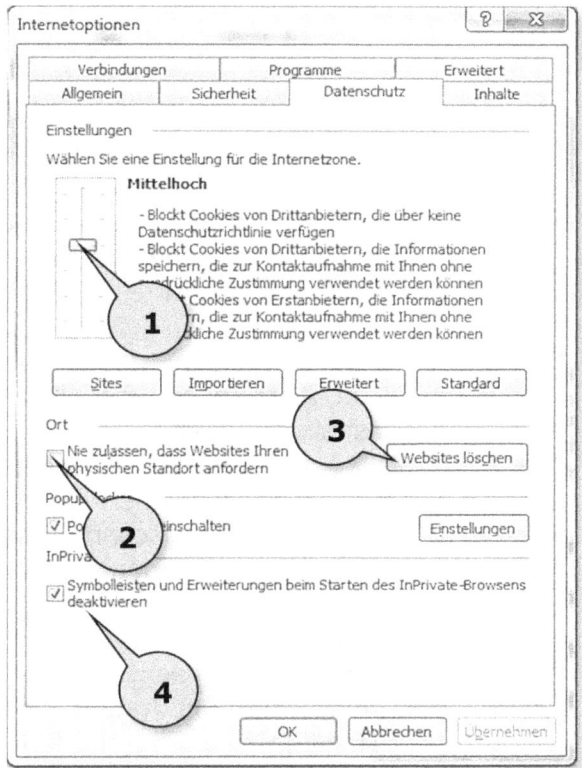

Hier geht es im Wesentlichen um Cookies. Dürfen sie auf Ihrem PC gespeichert werden oder nicht? Und wenn ja, welche? Mit dem Schieberegler (Pfeil 1) können Sie einstellen, welche Cookies Sie genehmigen. Normalerweise reicht es den Schieber auf Mittelhoch stehen zu lassen. Wenn Sie alle Cookies sperren, können Sie z.B. nicht, oder nur sehr umständlich, online einkaufen.

Auf dieser Registerkarte gibt es eine Neuerung gegenüber älteren Internet Explorer-Versionen. Sie können **nämlich Nie zulassen, dass Websites Ihren physischen Standort anfordern** anklicken (Pfeil 2). Das ist eine interessante Funktion. Jeder Computer, der mit dem Internet verbunden ist, bekommt vom jeweiligen Internet-Provider eine eindeutige IP-Nummer zugeteilt. Ausgerechnet Microsoft selber bietet Ortungsdienste an, die versuchen den Standort dieser IP-Nummer möglichst genau zu bestimmen. Das ist umso einfacher, wenn Ihr Internet-Provider ein lokaler Anbieter ist. Damit lässt sich der Standort dann schon sehr genau bestimmen. Wenn Sie auf die Schaltfläche **Websites löschen** (Pfeil 3) klicken, werden die Websites, die Ihren Standort bereits ermittelt haben gelöscht. So können Sie bei einem erneuten Besuch nicht mehr identifiziert werden. Schade finde ich nur, dass man sich nicht anzeigen lassen kann, welche Websites das denn sind ☺. Eine weitere Funktion auf dieser Registerkarte ist auch nicht ganz unwichtig. **Symbolleisten und Erweiterungen beim Starten des InPrivate-Browsens deaktivieren** ... Häh? Auf vielen Computern sind irgendwelche Toolbars installiert. Diese sind nicht nur für Sie nützliche kleine Helfer ☺. Diese Toolbars helfen vor allem den Anbietern Ihr Surfverhalten prima zu analysieren. Was nützt aber die InPrivate-Funktion des Internet Explorers, wenn im

Hintergrund noch eine Toolbar läuft, die trotzdem alles aufzeichnet. Mit dem Häkchen an dieser Stelle (Pfeil 4, vorherige Seite) blockieren Sie die Sammelleidenschaft dieser Toolbars.

Registerkarte „Inhalte"

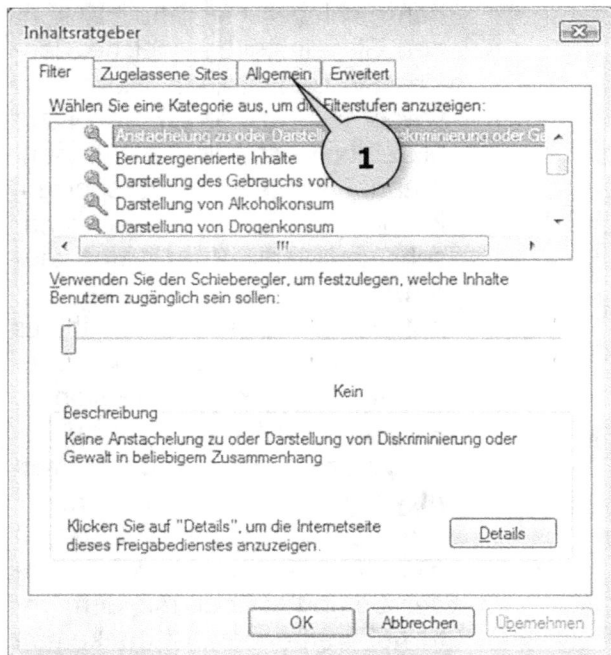

Sie haben Kinder, die im Internet surfen und die Sie vor bestimmten Inhalten schützen wollen? Dann sehen Sie sich mal die Registerkarte **Inhalte** an.
Klicken Sie dort auf die Schaltfläche **Aktivieren**. Das linke Fenster öffnet sich.
Sie können hier für verschiedene Bereiche einen Filter aktivieren. Wie scharf der Filter sein soll, können Sie mit dem Schieberegler darunter einstellen. Ganz rechts ist ganz scharf. Warum nach so vielen Kriterien getrennt fragen Sie? Stellen Sie sich vor, Ihr Kind muss mal ein Referat über das Thema Drogenmissbrauch für die Schule schreiben. Da muss man natürlich den Zugriff auf solche Seiten auch gesondert freigeben können. Auf der Registerkarte **Allgemein** (Pfeil 1) können Sie ein Supervisorkennwort erstellen, das Ihnen die alleinige Kontrolle über den Inhaltsfilter gibt.

Registerkarte „Verbindungen"

Auf der Registerkarte Verbindungen finden Sie Ihre Einwahlverbindung ins Internet (Pfeil 1). Dort können Sie Benutzernamen und Kennwort eingeben, die Ihnen Ihr Provider mitgeteilt hat. Diese Verbindungen gibt's aber nur, wenn Sie Ihren PC direkt mit einem Modem verbinden. Wenn sich Ihr PC über einen Router mit dem Internet verbindet, steht dort wahrscheinlich nichts. Ist auch nicht nötig. Die Benutzerdaten werden dann direkt in den Router eingegeben. Der stellt damit auch die Verbindung zum Internet her. Ihr PC wird dann über den Netzwerkanschluss oder über das Funknetzwerk Ihres Routers mit dem die Internetverbindung des Routers nutzen. So aufwändig die Einrichtung eines Routers auch sein mag, so einfach ist dann die

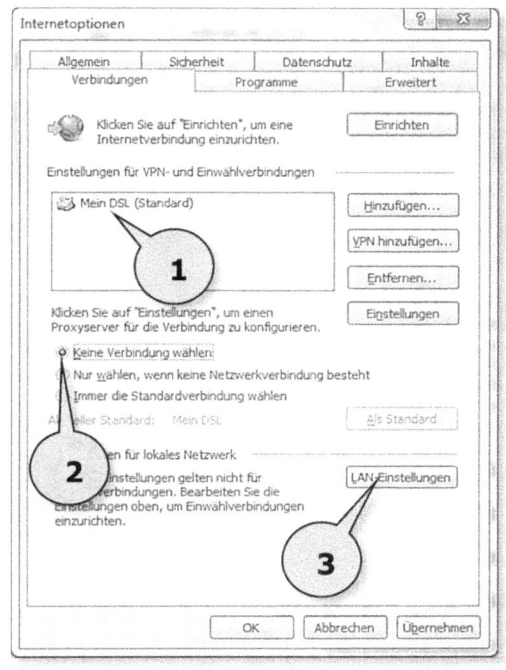

Einrichtung der Verbindung auf Ihrem PC. Sie müssen dann nämlich nur **Keine Verbindung wählen** (Pfeil 2) anklicken. Manchmal findet der PC den Router

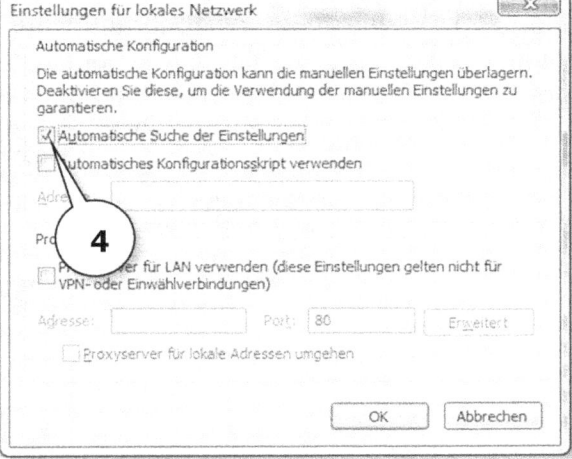

nicht auf Anhieb. Dann klicken Sie einmal auf **LAN-Einstellungen** (Pfeil 3) und aktivieren in dem kleinen, sich öffnenden Fenster, die Schaltfläche Automatische Suche der Einstellungen (Pfeil 4). Das wirkt manchmal Wunder ☺.

Registerkarte „Programme"

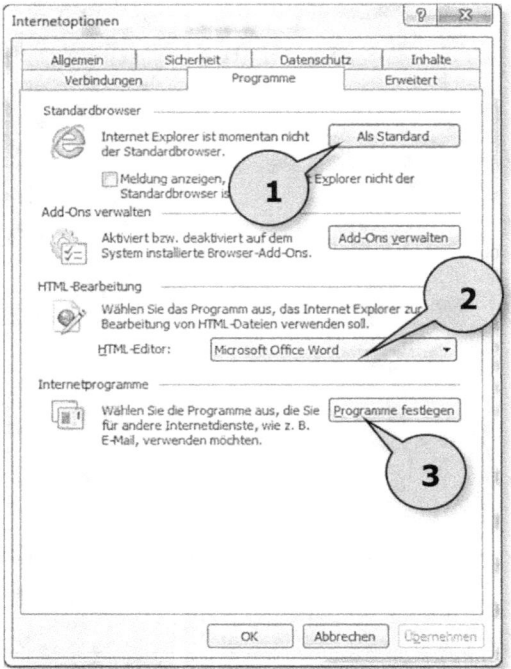

Die Registerkarte Programme dient dazu einigen Funktionen des Internet Explorers bestimmte andere Windows-Programme zuzuordnen. Wenn Sie Browser anderer Hersteller installieren, kann es schon mal vorkommen, dass sich diese ganz still und heimlich zum Standardbrowser machen. Wenn Sie dann z.B. in einer Email auf einen Link klicken, öffnet sich die dahinterstehende Internetseite nicht im Internet Explorer, sondern in diesem anderen Browser. Hier können Sie das schnell wieder ändern. Dazu klicken Sie einmal auf die Schaltfläche **Als Standard** (Pfeil 1). **Add-Ons verwalten** haben Sie schon im gleichnamigen Kapitel kennen gelernt. Das schenken wir uns hier. Internetseiten können Sie mit einem Textverarbeitungsprogramm oder einem Web-Designprogramm direkt weiterbearbeiten. Mit welchem Programm das geschehen soll, legen Sie mit der Schaltfläche von Pfeil 2 fest. Klicken Sie darauf, wird Ihnen eine Liste mit allen geeigneten Programmen angezeigt. Wählen Sie das Programm aus, das Ihnen für Ihre Aufgabe am geeignetsten erscheint. Mit der Schaltfläche **Programme festlegen** (Pfeil 3) legen Sie fest, welche Internet-Funktion mit welchem Programm ausgeführt wird. Wenn Sie z.B. mehrere Email-Programme, wie etwa Windows Live Mail oder Outlook installiert haben, können Sie dort festlegen, welches Programm gestartet wird, wenn Sie auf einer Internetseite auf einen Email-Link klicken (Mailto:)

Registerkarte „Erweitert"

Hier können Sie eine ganze Menge Dinge einstellen, die für die Browsersicherheit ausgesprochen wichtig sind. Sie sollten nur dann Änderungen vornehmen, wenn Sie genau wissen was Sie hier tun. Jeden dieser Punkte und seine Funktion zu beschreiben würde den Rahmen dieses Buches bei weitem sprengen. Sollten Sie doch mal der Versuchung nicht widerstehen können und hinterher nicht mehr wissen, was Sie da gemacht haben, gibt es hier einen kleinen Rettungsanker. Die Schaltfläche **Zurücksetzen...** (Pfeil 1) versetzt den Internet Explorer 9 wieder in seinen Ursprungszustand.

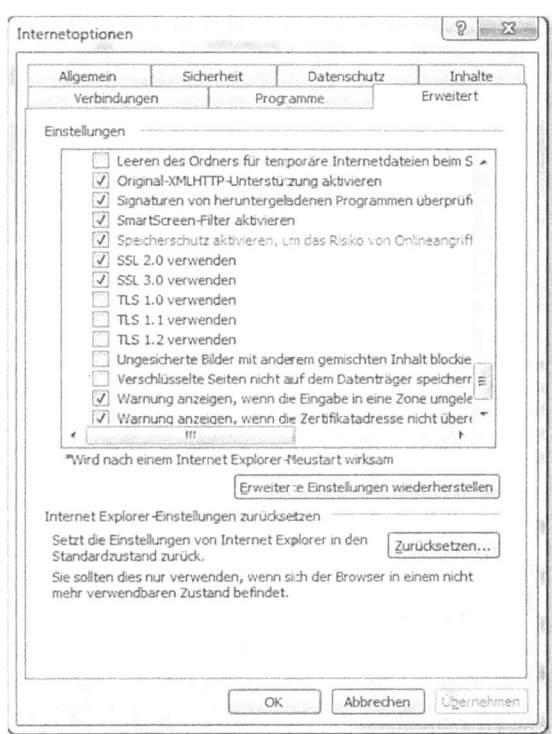

Menü ?

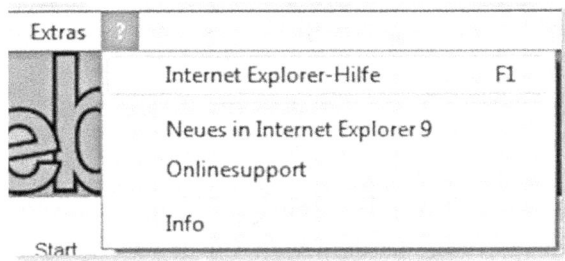

Das Fragezeichen-Menü ist so etwas wie die Hilfe-Datei zum Programm. Die Hilfe können Sie wahlweise über den Befehl **?/Internet Explorer-Hilfe** oder durch Drücken der Taste **F1** auf Ihrer Tastatur aufrufen. Das ist übrigens in vielen anderen Windows-Programmen genauso. Der Befehl **Neues in Internet Explorer 9** stellt Ihnen auf einer Internetseite die neuesten Funktionen im Internet Explorer 9 vor. Naja. Besonders aussagekräftig fand ich das jetzt nicht, was es da zu lesen gibt ☺. Beim Befehl **Onlinesupport** passiert zumindest auf meinem PC etwas Ungewöhnliches. Ich hätte erwartet, dass ich damit auf einer Microsoft-Internetseite lande, auf der ich Lösungen zu irgendwelchen Problemen mit dem Internet Explorer 9 finde so etwas wie eine FAQ (Frequently Ask Questions – Häufig gestellte Fragen). Aber weit gefehlt. Ich lande auf einer Service-Seite meines PC-Herstellers. Mich würde mal interessieren, wo Sie landen? Der Befehl Info öffnet ein kleines Fenster, dass Ihnen anzeigt mit welcher Version des Internet Explorers Sie arbeiten.

Alles sieht anders aus

Wenn Sie von unterschiedlichen PCs aus im Internet surfen, werden Sie schnell feststellen, dass die besuchten Internet-Seiten auf einem PC anders aussehen als auf Anderen. Das liegt daran, dass es für Internet-Programmierer unmöglich ist, für jede Bildschirmauflösung, Browser-Version, Betriebssystem und Grafikkarte eine einheitliche Umgebung zu schaffen. Stellen Sie sich folgendes vor:
Die Besucher einer Internet-Seite haben verschiedene Bildschirmauflösungen. Z.B. 800x600px, 1024*768px oder 1280*1024px. Drei durchaus gängige Auflösungen.
Der eine Besucher hat Windows 7, einer Windows XP, ein weiterer Linux und der Vierte benutzt einen Apple mit Mac OS.
Einer hat als Browser den Internet-Explorer 8, einer die Version 7, der nächste nutzt Firefox und noch einer den Safari.
Und dann verwendet jeder noch eine andere Grafikkarte.
Rechnen Sie mal aus, wie viele verschiedene Kombinationen das sind.
Und glauben Sie mir, die Wirklichkeit ist noch viel schlimmer.

Suchmaschinen

Die Suchmaschinen sind eine der wichtigsten Entwicklungen des Internets. Unter den Milliarden und Abermilliarden Internetseiten genau die Informationen zu finden, die man gerade sucht braucht man mächtige Hilfe. Die Suchmaschinen durchforsten das Internet rund um die Uhr, analysieren Internetseiten nach ihren Inhalten und legen die so gewonnenen Informationen in Datenbanken ab. Sie können sich das ruhig als gigantische Computeranlagen vorstellen. Manche Rechenzentren von Suchmaschinenbetreibern sind so groß wie Fußballfelder, in denen die Computer aber mehrere Stockwerke hoch installiert sind.

Die wichtigsten Suchmaschinen sind:
www.google.de
www.web.de
www.lycos.de
www.altavista.de
www.yahoo.de
www.bing.de

Sie verfügen alle über eine deutsche Benutzerführung und sind sehr übersichtlich und vor allem sehr schnell. Alle stellen Ihnen eine Formularzeile zu Verfügung, in die Sie Ihren Suchbegriff oder auch mehrere Suchbegriffe eingeben können.
Durch einen Klick auf Go, Start, Suchen oder wie immer die Schaltfläche daneben oder darunter heißt, wird der Suchvorgang gestartet. Nach wenigen Sekunden bekommen Sie eine Liste mit den erfolgreichen Suchergebnissen angezeigt. Diese sind verlinkt und die Links sind auch farblich abgehoben, damit Sie diese leicht erkennen können. Nach einem Klick auf einen solchen Link wird die Zielseite im gleichen oder in einem neuen Browserfenster angezeigt.
Hoppla. Die Suchmaschine zeigt Ihnen Tausende von Suchtreffern an oder sogar Millionen? Das ist nicht falsch und auch nicht ungewöhnlich. Bedenken Sie bitte, dass viele Milliarden Seiten in der Suchmaschine gespeichert sind. Da kann es schon vorkommen, dass mehr Treffer zustande kommen, als man in einem Leben überprüfen kann. Um aber doch zum gewünschten Ziel oder der gewünschten Information zu kommen, haben die Suchmaschinen einige nützliche Zusatzfunktionen integriert um die Suchergebnisse immer weiter einzugrenzen, bis im Idealfall nur noch die Informationen übrig bleiben, die Sie wirklich suchen.

Dieses wollen wir hier exemplarisch am Beispiel von **www.google.de** demonstrieren. Rufen Sie nun die Suchmaschine über die Adresszeile des Browser auf.
So etwa sieht das Ergebnis aus:

Damit wir die Eingabe nicht noch einmal machen müssen, speichern Sie die Seite bitte unter den **Favoriten**. Wenn Sie wollen, legen Sie auch ein Unterverzeichnis Suchmaschinen an.

Wir wollen nun versuchen, Informationen über den Autor dieses Buchs zu finden. Er heißt mit Nachnamen „**Hansmann**".
Geben Sie den Namen in das Suchfeld ein und klicken Sie anschließend auf *Google-Suche*. Suchmaschinen unterscheiden Groß- und Kleinschreibung nicht. Sie interpretieren auch deutsche Umlaute. Es ist völlig egal, ob Sie ein ä oder ae eingeben. Google sucht beides. Nach kurzer Zeit bekommen Sie eine Ergebnis-Seite angezeigt. Besondere Beachtung sollten Sie jetzt der rechten oberen Ecke schenken. Dort können Sie nämlich sehen, wie viele Internet-Seiten mit diesem Suchbegriff gefunden wurden.

Ergebnisse **1 - 10** von ungefähr **1.070.000** für **hansmann**. (0,39 Sekunden)

Über eine Million Treffer-Seiten. Die Suche nach dem Mann könnte also etwas langwieriger werden. Aber wir wissen ja noch mehr über den Mann. Er ist in Deutschland tätig und wird deshalb auch auf deutschen Seiten vorkommen. Wie Sie an der Suchmaske von Google sehen können, kann man mit einem einzigen Mausklick eine Eingrenzung auf den deutschsprachigen Raum oder sogar nur auf Deutschland vornehmen. Klicken Sie mal auf **Seiten aus Deutschland** und dann wieder auf **Suche**. Sie sehen, die Trefferzahl hat sich bereits auf 109.000 verringert. Das ist aber immer noch zu viel. Vom Buch her wissen Sie, Herr Hansmann heißt mit Vornamen „**Franz**". Schreiben Sie **Franz Hansmann** und suchen Sie erneut. 24.000 Treffer. Wir kommen dem Mann langsam näher. Google sucht jetzt nach allen Seiten, auf denen irgendwo Franz und Hansmann vorkommen. Das muss aber nicht zwangsläufig auch zusammenhängend sein. Auf der Seite könnte auch Franz Schmitz und Jupp Hansmann vorkommen. Wir grenzen die Suche noch genauer ein, in dem wir den Namen in Anführungszeichen setzen. Also **„Franz Hansmann"**. Die Anführungszeichen sind für Google die Aufforderung nach exakt dieser Zeichenkette zu suchen. In diesem Fall sind das nur noch 900 Treffer (Diese Anzahl kann morgen natürlich schon eine Andere sein). Das ist immer noch zu viel, um das mal eben zu durchstöbern. Je mehr Sie über eine Person oder eine Sache wissen, desto schneller und präziser werden Sie zum Ergebnis kommen. Wenn Sie sich die Suchergebnisse ansehen, werden Sie dort etwa Einträge über Guggenmusik und Steuerberater finden. Tun wir doch einfach mal so, als wüssten Sie, dass ich damit nichts zu tun habe. Dann können Sie mit einem Trick diese Worte ausklammern.
Etwa so:
"franz hansmann" -guggenmusik –steuerberater

Diese Wortfolge sucht nach allen Internetseiten, auf denen franz hansmann in genau der Reihenfolge vorkommt und NICHT die Wörter guggenmusik und steuerberater. Schreiben Sie keine Leerzeichen hinter die Minus-Zeichen! Die Trefferzahl sinkt immerhin auf 800 ab. In unserem Beispiel mag das nicht so ins Gewicht fallen. Ich habe allerdings auch schon anderes erlebt. Ich verrate Ihnen noch was über mich. Ich komme aus Troisdorf. Wenn Sie jetzt nach **"franz hansmann" -guggenmusik –steuerberater troisdorf** suchen lassen (immer noch Seiten aus Deutschland) bekommen Sie nur noch 112 Treffer. Die Seiten kann man sich zur Not auch mal alle ansehen ☺. Damit haben Sie die erste Person erfolgreich gegoogelt. Das Wort googln hat übrigens schon den Weg in unseren Duden gefunden.

Das Internet hat unglaubliche Wachstumsraten. Das werden Sie sehen, wenn wir das Suchbeispiel während des Seminars durchspielen. Die Treffer haben sich sprunghaft vermehrt. Unser Beispiel stammt übrigens aus dem Januar 2010! Ich bin mal gespannt, wie sich die Trefferzahl in einem Jahr entwickelt. Im Sommer 2006 brachte die Suchanfrage hansmann "nur" 384.000 Treffer!

Geben Sie doch mal als Suchwort **Internet** ein. Das nenne ich eine Trefferzahl. Die schafft man in einem Leben nicht ☺.

Ergebnisse **1 - 10** von ungefähr **1.680.000.000** für **internet**. (0,33 Sekunden)

Andere Suchanfragen verlangen nach einer anderen Vorgehensweise. Vor zwei Jahren wachte ich eines Morgens auf und hatte im linken, kleinen Finger das erste Glied taub. Hm. Mann Mitte 40, taubes Gefühl in der linken Hand, das ist nicht gut. Aber bevor ich in Panik zum Kardiologen gerannt bin, habe ich auch danach mal gegoogelt. Und siehe da, das Ergebnis war zwar auch nicht toll, aber immerhin kein sich anbahnender Herzinfarkt. Als Suchbegriffe hatte ich **linker kleiner finger taubes gefühl** eingegeben. Mein gesunder Menschenverstand war der Meinung, dass jemand mit einem ähnlichen Problem auch diese Worte benutzen würde. Vielleicht nicht in der Reihenfolge. Aber es erschien mir doch naheliegend. Schon auf der ersten Ergebnisseite bin ich dann fündig geworden. Ich hatte "nur" eine Entzündung im Ellenbogen. Die Spritze dagegen, möchte ich aber auch nicht noch einmal bekommen ☺. Auch bei technischen Problemen hilft es oft, einfach mal zu überlegen, wie würde ich einen Techniker nach der Lösung meines Problems fragen? Dann verwendet man nur die wichtigen Wörter aus dieser Frage und Google liefert meistens schnell die Antwort. Manchmal reicht aber selbst das nicht. Um trotzdem zu brauchbaren Resultaten zu kommen, bietet Google zahlreiche weitere Operanden an um die Suchergebnisse optimal einzugrenzen. Es gibt leider keine Faustregel, welche die beste Methode ist. Jeder Fall liegt anders und man muss einfach ausprobieren, wie man am besten zum Ziel kommt.

Diese Operanden müssen in folgendem Format benutzt werden:
<Suchbegriff1><Operand:>Suchbegriff2>
Lassen Sie keine Leerzeichen zwischen Operand: und Suchbegriff2.

Allintitle:
Zeigt nur Internetseiten an, die **alle** Suchbegriffe im Seitentitel haben. Dieser Operand kann mit anderen Operanden in der Regel nicht kombiniert werden.

Intitle:
Zeigt nur Internetseiten an, die mindestens einen Suchbegriff im Titel haben.

Filetype:
Google unterscheidet DOC (Word), PDF (Acrobat), PPT (PowerPoint), PS (Post-Script), RTF (RichTextFormat), sowie die Grafikformate GIF, JPG, PNG. Die Eingabe erfolgt dann z.B. so: **<filetype:pdf>**.

Inurl:
Zeigt nur Seiten, in denen der Suchbegriff schon im Link also der URL vorkommt. Z.B. **<inurl:wetter>**.

Intext:
Zeigt nur Internetseiten an, die die Suchbegriffe im Text der Seite haben.

Inanchor:
Zeigt nur Internetseiten an, die die Suchbegriffe in Links haben.

Link:
Zeigt alle Internetseiten an, die auf diesen Link verweisen.
z.B. **<link:hansmann-is>** Der Operand ist nicht mit anderen kombinierbar.

Related:
Zeigt ähnliche Internetseiten an.
z.B. **<related:hansmann-is>** Der Operand ist nicht mit anderen kombinierbar.

Site:
Zeigt nur Seiten, in denen der Suchbegriff nur in der URL vorkommt.
Z.B. **<site:wetter>**.

Diese Funktionen sind meines Wissens von Google nicht dokumentiert. Es gibt aber noch zahlreiche andere Möglichkeiten, die Suche zu verfeinern. Klicken Sie bei **www.google.de** einmal auf „**erweiterte Suche**". Und wenn das noch nicht reicht, dort dann auf „**Suchtipps**" Sie werden sich wundern was alles geht!

Klicken Sie in der Google-Startseite auf **Erweiterte Suche**. Folgende Internetseite öffnet sich:

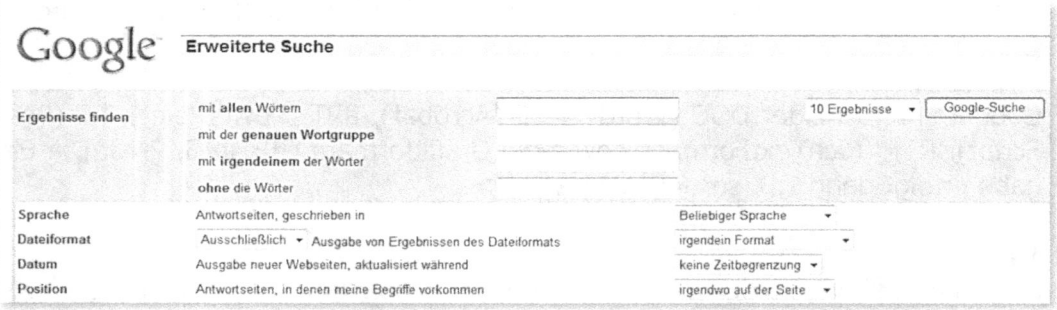

Sie sehen, Google hat sich des Problems schon angenommen. Man hat verschiedene Möglichkeiten Wörter oder Wortgruppen zu definieren. Man kann sogar Wörter ausschließen. Man mag das kaum glauben, aber manchmal führt gerade diese Möglichkeit zum Erfolg. Stellen Sie sich vor, Sie müssen nach dem Begriff GSM suchen. Dummerweise sind die ersten Ergebnisse ausschließlich Versicherungsmakler und haben nichts mit dem eigentlichen Suchbegriff zu tun. Das liegt daran, dass die Abkürzung GSM auch im Wort Versicherun**gsm**akler vorkommt. Also behält man das Suchwort GSM und trägt in das Feld **ohne die Wörter** das Wort Versicherungsmakler ein. Und schon werden die Suchergebnisse bereinigt. Genau das ist mir bei meiner allerersten Internetrecherche passiert.
Seit einiger Zeit hilft Google Ihnen bei der Suche mit einer neuen Funktion. Wenn Sie mit der Eingabe eines Suchbegriffes beginnen, öffnet sich ein Menü, in dem bereits die Suchwortkombinationen aufgelistet sind, in Zusammenhang mit dem, was Sie schon getippt haben am Häufigsten aufgerufen werden. D.h. mit jedem Buchstaben, den Sie tippen, verändert sich die Liste im Menü. Wenn Sie in der Liste schon finden, was Sie suchen, brauchen Sie nur noch direkt auf den Eintrag zu klicken und schon liefert Google die Ergebnisse.

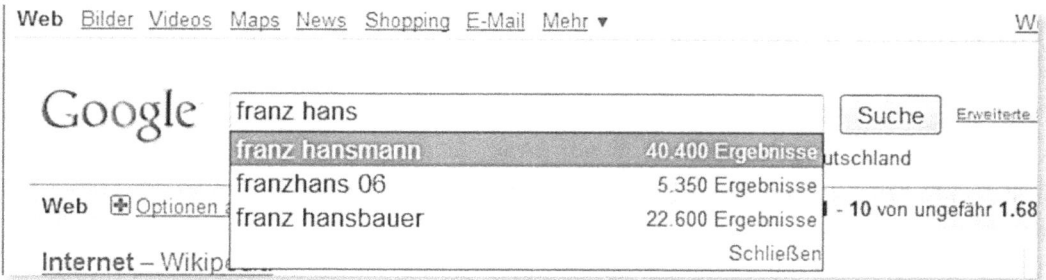

Die Ergebnisseite(n)

Zu jeder Suchanfrage bekommen Sie mindestens eine Ergebnisseite angezeigt. Auch dann, wenn die Suche kein Ergebnis liefert. Das ist aber meistens nur der Fall, wenn man entweder zu viele Suchwörter auf einmal hat, die nicht zusammen auf einer Seite vorkommen oder irgendwo Rechtschreibfehler in den Suchbegriffen stecken. Normalerweise bekommen Sie eine enorme Trefferzahl angezeigt. Google zeigt in der Standard-Einstellung die zehn Treffer in einer Liste an, die zu dem Suchbegriff am häufigsten angeklickt wurden. D.h. die Benutzer bestimmen im Prinzip, wer bei den Suchanfragen ganz oben landet. Gibt es mehr als 10 Treffer, gibt es weitere Ergebnisseiten. Die werden Ihnen am unteren Ende der Ergebnisseite angezeigt.

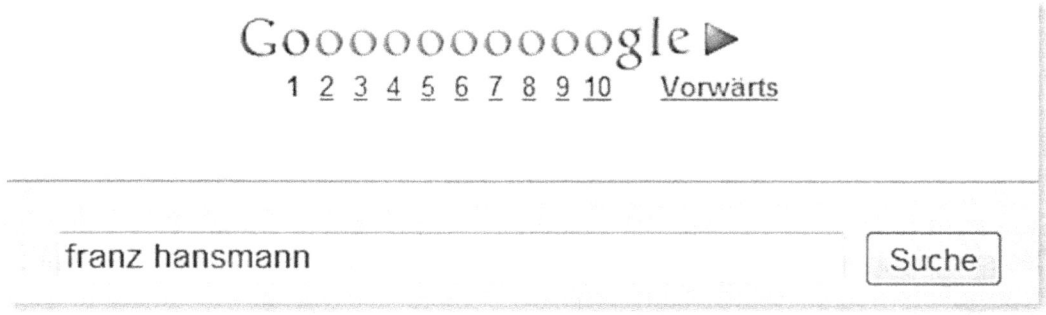

Dort sehen Sie in unserem Beispiel Zahlen von 1-10. Die gerade angezeigte Ergebnisseite ist nicht unterstrichen. Alle anderen schon. Ein Klick auf die Zahl 2 bringt Sie zur zweiten Ergebnisseite, ein Klick auf die 10 entsprechend zur Ergebnisseite 10 usw. Wird die letzte Zahl in der Reihe angeklickt, werden weitere Ergebnisseiten angezeigt, sofern noch mehr vorhanden sind.

Mit den Schaltflächen **Vorwärts** und **Zurück** können Sie durch die Ergebnisseiten blättern.

Ergebnisseiten benutzen

Hier sehen Sie eine ganz typische Ergebnisseite für die Suchanfrage **lcd fernseher**. Die Ergebnisseite muss man sich aber mal genau ansehen.

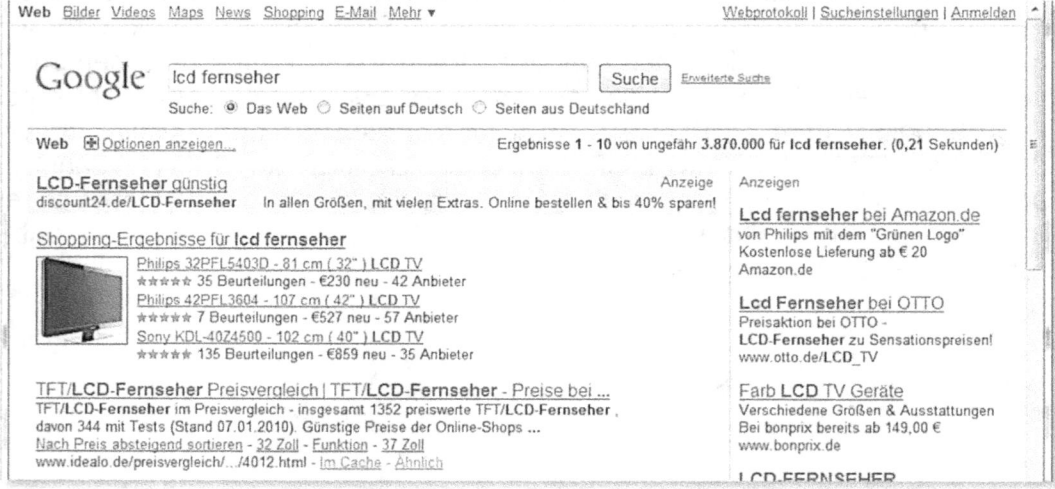

Sie sehen jede Menge Links. Bei einigen der Links sehen Sie das Wort *Anzeige*. Das sind dann nicht etwa Suchergebnisse, die durch hohe Klickraten an Position eins gekommen sind, sondern schlicht Firmen, die für diese Platzierung an Google bezahlt haben. Da die Google-Nutzung für uns Anwender kostenlos ist, die Firma aber auch leben und überleben muss, kann ich das akzeptieren. Je nachdem was ich suche, kann sogar einer dieser Werbelinks schon zum gewünschten Ergebnis führen.

Ein Ergebnislink ist immer gleich aufgebaut. Die obere Zeile ist immer blau und unterstrichen. Das ist der Link, den Sie anklicken können. Die nächsten zwei Zeilen sind eine Kurzbeschreibung des Textes, der auf der verlinkten Seite gefunden wurde. Die vierte Zeile zeigt Sonderverlinkungen an, die für Ihre Suchanfrage relevant sein könnten. In der fünften Seite schließlich sehen Sie die tatsächliche Internetadresse, zu der Sie geführt werden, wenn Sie auf den Link in der ersten Zeile klicken.

LCD Fernseher : Test und LCD TV Preisvergleich
LCD **Fernseher** im Test und Preisvergleich. Finden Sie umfangreiche Erfahrungen und LCD TV Testberichte.
www.ciao.de › Elektronik › Fernseher - Im Cache - Ähnliche Seiten

Der Link **Im Cache** kann interessant sein. Wenn eine Internetseite nicht oder nicht mehr verfügbar ist, klicke ich mal auf **Im Cache**. Vielleicht hat Sie Google ja auch noch irgendwo zwischengespeichert. Der Link **Ähnlich** führt zu Suchergebnissen, die Ihrer Anfrage ähnlich sind. Auch das führt manchmal zu überraschenden Ergebnissen. Das kleine unauffällige Lupensymbol (Pfeil 1) zeigt Ihnen eine Miniaturvorschau der Internetseite an, wenn Sie darauf klicken.

Was können Suchmaschinen nicht?

Mit intuitiven Suchanfragen haben alle Suchmaschinen so ihre Probleme. Wenn Sie z.B. wissen wollen, wie das aktuelle Wetter in London ist, wäre eine Suchanfrage wie **aktuelles wetter london** sehr erfolgversprechend.

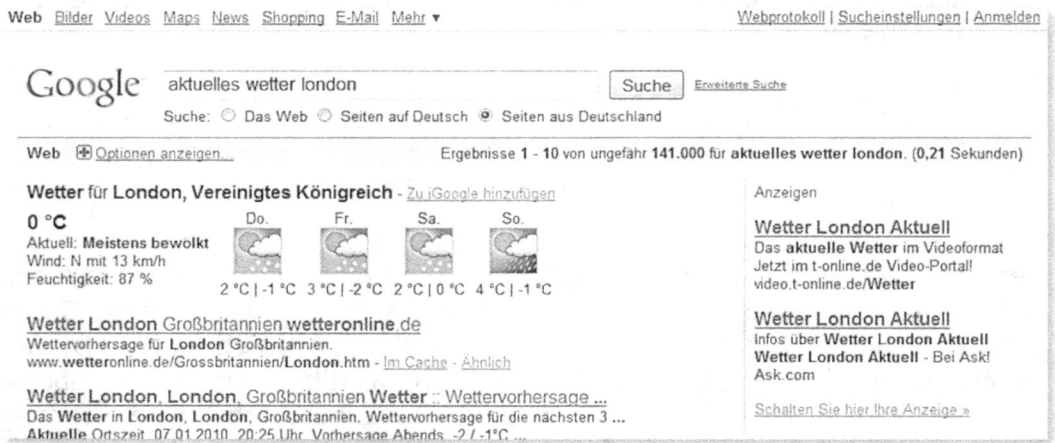

Wenn Sie aber wissen wollen, wie das Wetter in London zwischen 2006 und 2010 war, wird es schon etwas holprig. Bei der Suchanfrage **wetter london zwischen 2006 und 2010** habe ich 400 Treffer gelandet. Zwar kommen alle Suchbegriffe auf diesen Seiten vor aber keiner davon entspricht, vom Ergebnis her, dem was ich suchte.

Was kann Google noch?
Rechnen
Geben Sie doch mal in der Google-Eingabezeile 2*2 ein und klicken Sie dann auf Suchen.

Das ersetzt den Taschenrechner. Die mathematischen Operanden sind die gleichen wie auch in Tabellenkalkulationen. Google kennt sogar Regeln wie Punktrechnung vor Strichrechnung.

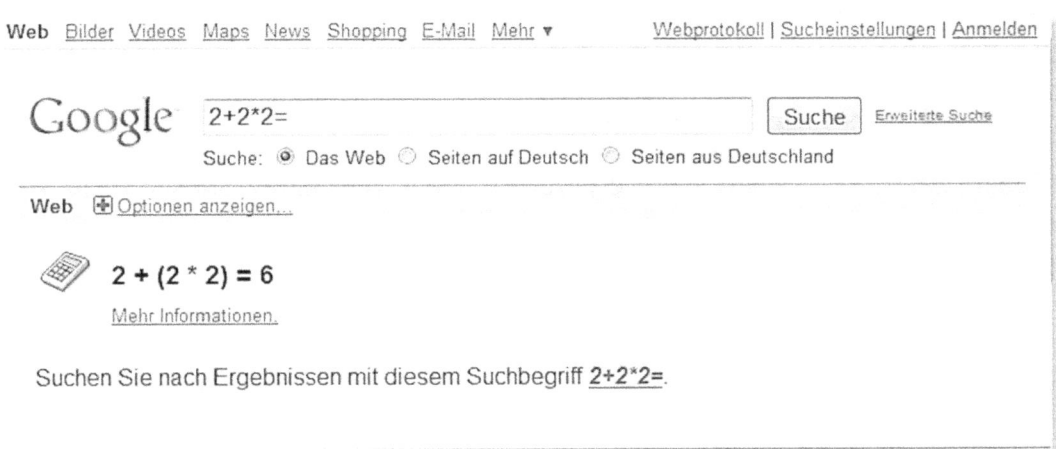

Sogar Wurzelziehen geht. Das Kürzel dafür heißt sqr.

sqr(49) = 7

Quadrieren können Sie über ^.

7^2 = 49

Umrechnungen und Wechselkurse
Auch Umrechnungen von Währungen sind schnell möglich. Dabei bedient sich Google der Tatsächlichen aktuellen Wechselkurse. Hier ein Beispiel in US$.

1 US-Dollar = 0,734376147 Euro

Und hier für das britische Pfund.

Auch Gewichte und Maße lassen sich mit Google schnell umrechnen. Englische Pfund in Kilogramm, Zoll in Zentimeter, Fahrenheit in Celsius usw.

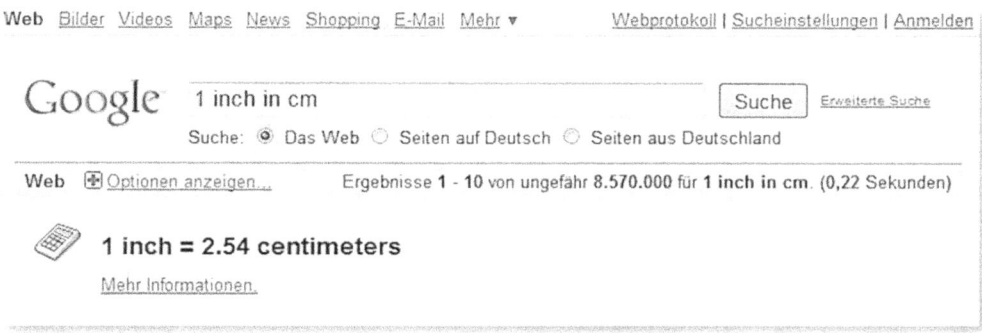

Das Einzige, was man beachten muss ist, dass die Eingabe in Englisch erfolgen muss. Google hilft Ihnen aber bei der Eingabe mit dem Auswahlmenü.

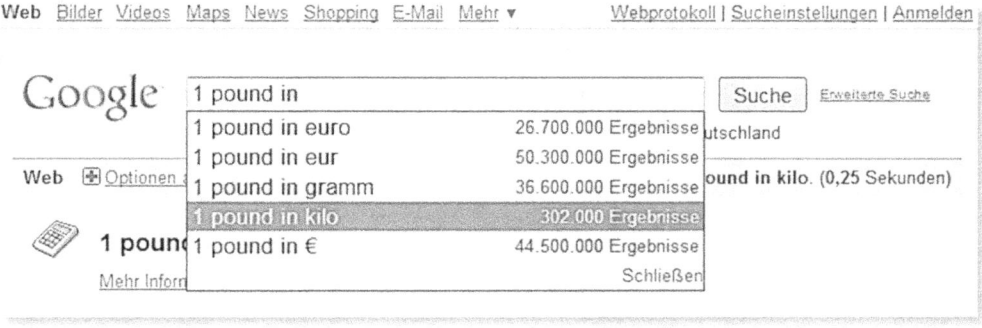

Google kennt übrigens auch die Zahl Pi oder die Lichtgeschwindigkeit (c).

Bildersuche

Google kann auch prima nach Bildern aller Art suchen. Nehmen wir mal an, Sie möchten eine Geburtstagskarte entwerfen und suchen noch ein Bild einer Torte. Geben Sie in die Google-Eingabezeile das Wort Torte ein und klicken Sie links oben auf Bilder. Da sollte für jeden Geschmack etwas dabei sein ☺.

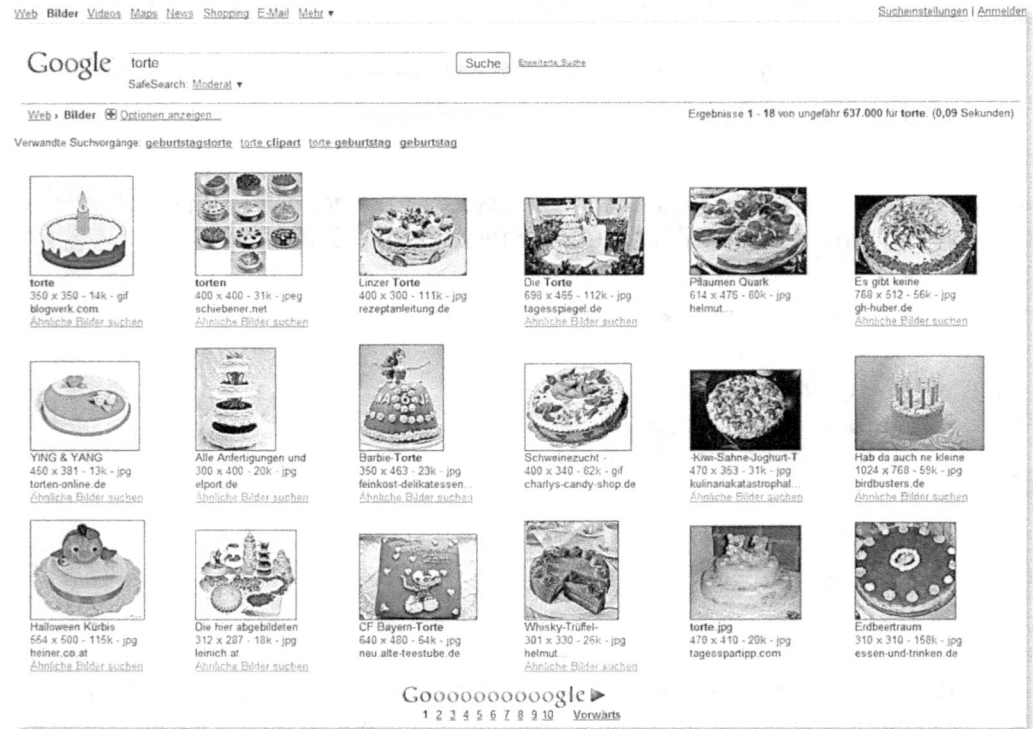

Es ist bei der Bildersuche zu erwarten, dass man mit dem englischen Suchwort mehr Treffer erzielen wird. Das Wort **cake** bringt in diesem Beispiel ca. 20Mal so viele Treffer. Ein Bild im Internet können Sie übrigens ganz leicht auf Ihrer Festplatte speichern.

Internet Explorer 9 für den Hausgebrauch

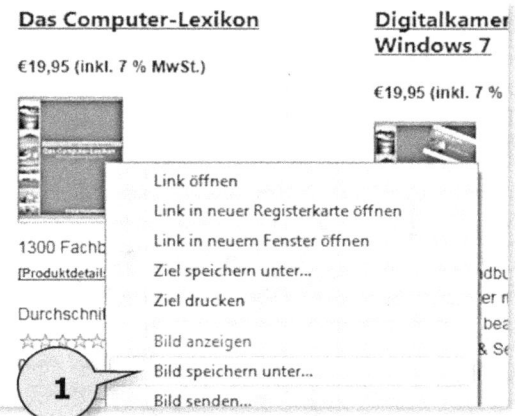

Dazu bewegen Sie den Mauszeiger auf das Bild, drücken einmal kurz auf die rechte Maustaste und wählen aus dem Kontextmenü den Befehl **Bild speichern unter...** (Pfeil 1) Daraufhin öffnet sich das Standardspeicherfenster. Sie müssen nur noch den Speicherort und einen Namen auswählen und auf **Speichern** (Pfeil 2) klicken. In diesem Beispiel habe ich den Mauszeiger auf dem Foto eines Buches gehabt.

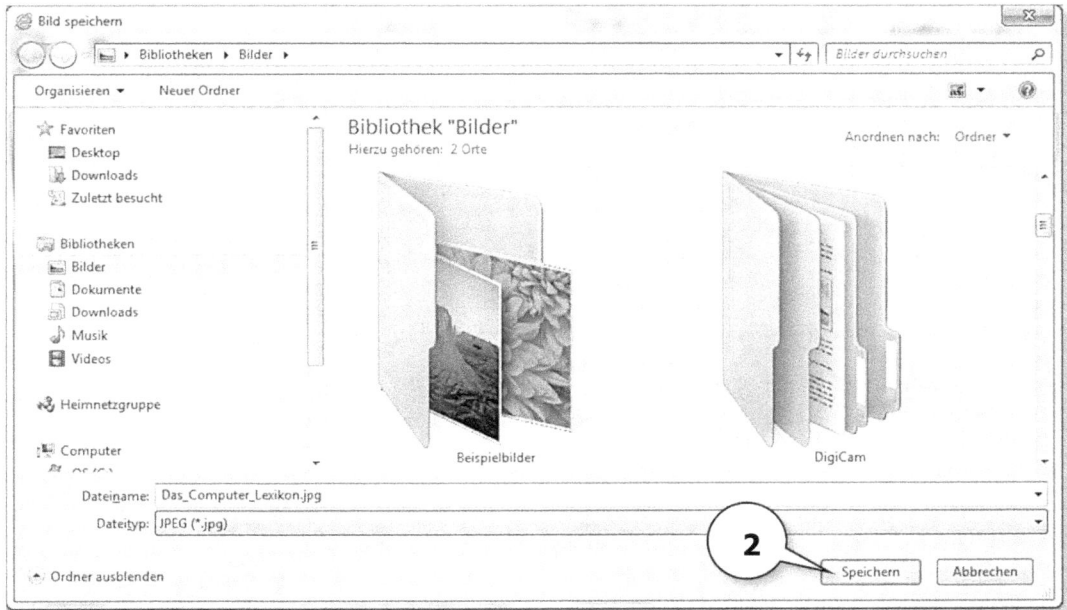

Einstellungen

Irgendwo auf der Google Startseite befindet sich auch ein Link mit der Bezeichnung **Einstellungen** oder **Sucheinstellungen**. Dort können Sie ganz gezielt einige Einstellungen vornehmen, die nicht nur die Suche beschleunigen können, sondern auch die Arbeit mit Google vereinfachen. Sie können dort z.B. einstellen, dass Suchergebnisse immer in einem neuen Fenster bzw. Registerkarte geöffnet werden sollen (Pfeil 1). Dann müssen Sie nicht immer auf den **Zurück**-Knopf klicken um wieder zur vorherigen Seite zu gelangen. Diese Information wird auf Ihrem Rechner in einem so genannten Cookie gespeichert.

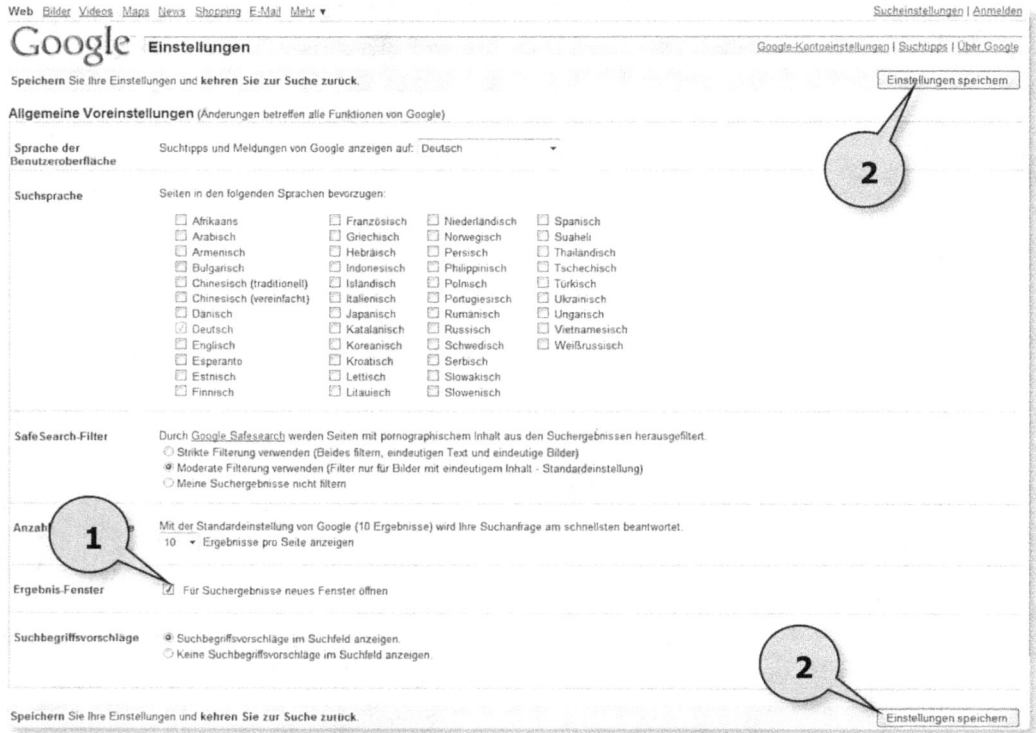

Klicken Sie auf **Einstellungen speichern** (Pfeil 2), werden die Änderungen im Cookie gespeichert und Google kehrt zur Startseite zurück.

Sicherheit im Internet

Sie haben sicherlich auch schon von Betrügereien und Schlimmeren im Internet gehört. Die Medien greifen das sehr gerne auf. Komischerweise berichten sie weniger über Betrügereien über das Telefon, Zeitungsanzeigen, Haustürgeschäfte oder etwa beim Autokauf. Das Internet scheint also unglaublich **IN** zu sein. Überall wo sich die Massen tummeln, tummeln sich auch kriminelle Elemente. Das ist einfach so. Im Internet kann man sich aber verhältnismäßig gut und vor allem preiswert dagegen absichern, wenn man sich an einige wenige Spielregeln hält.

Regel Nr. 1: Verwenden Sie unbedingt ein Antiviren-Programm. Das Programm sollte über eine Funktion für automatische Updates verfügen und diese täglich, wann immer Sie online gehen, benutzen. Sie werden über kurz oder lang auf eine Internet-Seite stoßen oder eine Email bekommen, in der ein Virus versteckt ist. Das ist ziemlich sicher! Bedenken Sie auch immer, dass ein Antiviren-Programm, welches einen Monat alt ist, so gut wie kein Antiviren-Programm ist.

Regel Nr. 2: Verwenden Sie am besten auch eine Firewall. Sie verhindert, dass ein Programm unbemerkt online gehen kann.

Regel Nr. 3: Um zu verhindern, dass Sie sich einen so genannten Dialer einfangen, sollten Sie Meldungen die angezeigt werden, sehr sorgfältig lesen. Dialer können übrigens nur Modem- und ISDN-Verbindungen befallen. Bei DSL ist das nicht möglich.

Regel Nr. 4: Wenn Sie irgendwo aufgefordert werden eine Bankverbindung oder Kreditkartennummer einzugeben, weil Sie gerade etwas kaufen oder buchen wollen, achten Sie bei der Internetseite auf einen Buchstaben. Steht am Anfang der Adresse **http://www.name.xyz**, sollten Sie diese Daten auf gar keinen Fall eingeben. Nur wenn dort zusätzlich ein **s** hinter http steht, handelt es sich um eine sichere Verbindung. Eine solche Adresse würde dann etwa so aussehen: **https://www.name.xyz** Das s ist ein Zeichen für eine so genannte SSL-Verschlüsselung. Sie gilt als sicher, weil viele schon versucht haben sie zu knacken, aber es bis heute niemandem gelungen ist.

Regel Nr. 5: Achten Sie bei der Eingabe von Adressen peinlich auf die korrekte Schreibweise. Ein Fehler kann Sie auf eine gefälschte Seite führen, die dem Original so ähnlich sieht, dass sie den Unterschied nicht merken.

Regel Nr. 6: Folgen Sie Links in einer Email nur dann, wenn die Quelle vertrauenswürdig ist. Das Gleiche gilt auch für Dateianhänge in Emails.

Regel Nr. 7: Gehen Sie sorgsam mit Ihren Kennwörtern (Passwörter) um. Sie würden mir auch nicht Ihre EC-Karte geben und mir dann auch noch die Geheimzahl nennen. Mit Ihrem Emailkennwort kann man noch größeren Schaden anrichten, als nur eine Bankkonto leerräumen.

Regel Nr. 8: Keine Bank wird Ihnen eine Email zusenden, in der Sie aufgefordert werden einige Transaktionsnummern und Ihre Zugangsdaten irgendwo einzugeben. Das nennt man Phishing. Ebenso wird Ihnen die GEZ, IKEA oder wer auch immer, keine Mahnung per Email zusenden. Fragen Sie sich doch einfach mal, woher die Ihre Email-Adresse haben sollten.

Regel Nr. 9: Haben Sie Kinder? Chatten diese über Facebook, Yappy oder MSN? Lassen Sie sie das ruhig machen. Es ist moderne Kommunikation und macht den Kids auch Spaß. Aber reden Sie mit Ihren Kindern darüber, damit sie keine persönlichen Daten preisgeben, wie z.B. Wohnort, Adresse, Schule, Sportverein etc. und dass sie sich mit niemandem treffen sollen, den Sie als Erwachsener nicht vorher überprüft haben. Auch als Erwachsener sollten Sie nicht zu blauäugig sein. Sagen Sie keinem Unbekannten, wo Sie wohnen und wann Sie in Urlaub sind. Vielleicht ist der Unbekannte von Beruf Einbrecher.

Regel Nr.10: Überprüfen Sie auch USB-Sticks, CDs und DVDs, egal von wem, auf Viren, bevor Sie die darauf enthaltene Software installieren. Im Grunde sollte man sogar Originalsoftware auf Viren prüfen. Einer Firma, ich will sie hier nicht namentlich nennen, ist es in den letzten Jahren zweimal gelungen Druckertreiber mit einem Virus auszuliefern. Sogar beide Male der gleiche Virus. Ich kann den Produktmanager dazu nur beglückwünschen.

Verschlüsselte Internetseiten

Egal ob Sie Online-Banking machen oder einen Flug buchen und den mit Kreditkarte bezahlen möchten, Sie werden dabei hochsensible Daten eingeben müssen. Wo und wann immer Sie irgendwo Finanztransaktionen vornehmen, sollten Sie darauf achten, dass dies nur über verschlüsselte Internetseiten geschieht. Verlassen Sie sich niemals darauf, dass die Administratoren des Webseiten-Betreibers alles richtig machen. Schauen Sie selber genau hin. Es ist ganz leicht zu erkennen, ob eine Seite verschlüsselt ist. Unten sehen Sie ein Beispiel mit der Online-Banking-Seite der Postbank.

Es gibt mehrere Merkmale, an denen Sie erkennen können, dass die Seite verschlüsselt übertragen wird. In der Internetadresse selber erkennen Sie das an einem kleinen **s** hinter http (Pfeil 1). Also steht dort http**s**://. Das Adressfeld ist grün eingefärbt (Pfeil 2, ist nicht immer so). Das kleine Vorhängeschloss ist geschlossen (Pfeil 3). Wenn Sie den Mauszeiger auf dem Schloss verweilen lassen, bekommen Sie Informationen über das Sicherheitszertifikat angezeigt.

Sie können sehen, wer es ausgestellt hat und wenn Sie es anklicken, sehen Sie auch, ob es noch gültig ist. Verschlüsselte Seiten kann jeder halbintelligente Internetprogrammierer bereitstellen. Deshalb ist das kleine s in der Adresse alleine noch kein Beweis für eine vertrauenswürdige Seite. Achten Sie immer darauf, wer das Zertifikat ausgestellt hat. Verisign und Thawte sind z.B. Anbieter solcher Sicherheitszertifikate. Wenn Sie Zweifel haben, sollten Sie zunächst mal nach dem Anbieter googeln, **bevor** Sie etwa Ihre Kreditkartendaten eingeben.

Tipps & Tricks
Registerkarte in Taskleiste ziehen
Wenn Sie eine Internetseite öfter besuchen, lohnt es sich diese in die Taskleiste zu ziehen (Windows 7). Dazu bewegen Sie den Mauszeiger auf den Reiter der Registerkarte, halten die linke Maustaste gedrückt und ziehen den Mauszeiger bis hinunter in die Taskleiste.

Registerkarte kopieren
Nicht unpraktisch finde ich das Kopieren ganzer Internetseiten von einer Registerkarte in eine andere. Mit **Strg+m** kopieren Sie die aktuelle Registerkarte. Mit **Strg+Shift+m** fügen Sie sie an anderer Stelle wieder ein. Natürlich geht das auch in einem anderen Internet Explorer-Fenster.

Mehr als zwei Downloads gleichzeitig
Normalerweise reichen zwei gleichzeitige Downloads sicherlich aus. Für Ungeduldige mit einer schnellen Internetverbindung (ich gehöre dazu ☺) reicht das aber nicht. Um das Problem lösen zu können, müssen Sie zwei neue Einträge in der Registry vornehmen. Starten Sie das Programm regedit (Über ***Start/Alle Programme/Zubehör/Ausführen***). Suchen Sie den Schlüssel:

HKEY_CURRENT_USER\Software\Microsoft\Windows\CurrentVersion\Internet Settings

Machen Sie einen kurzen Rechtsklick mit der Maus auf **Internet Settings** und legen Sie einen neuen **DWORD (32-Bit)**-Wert an. Diesen Eintrag nennen Sie:

MaxConnectionsPerServer Als Wert geben Sie die Zahl **4** ein.

Legen Sie einen zweiten neuen Eintrag an. Diesen nennen Sie:

MaxConnectionsPer1_0Server Als Wert geben Sie die Zahl **6** ein.

Strg + F

Bei Recherchen werden Sie feststellen, dass manchmal Suchergebnisseiten auftauchen, die so groß oder so unübersichtlich sind, dass Sie die gesuchte Information dort gar nicht auf Anhieb entdecken können. Da hilft die Tastenkombination **Strg+f**. Sie öffnet ein kleines Sucheingabefeld über der Internetseite (Pfeil 1). Dort geben Sie Ihren Suchbegriff noch einmal ein. Damit wird dann ganz gezielt nur diese eine Seite nach dem Suchbegriff durchsucht. Die Suche erfolgt in Echtzeit. Bereits während Sie tippen werden alle Treffer in der Seite gelb hinterlegt.

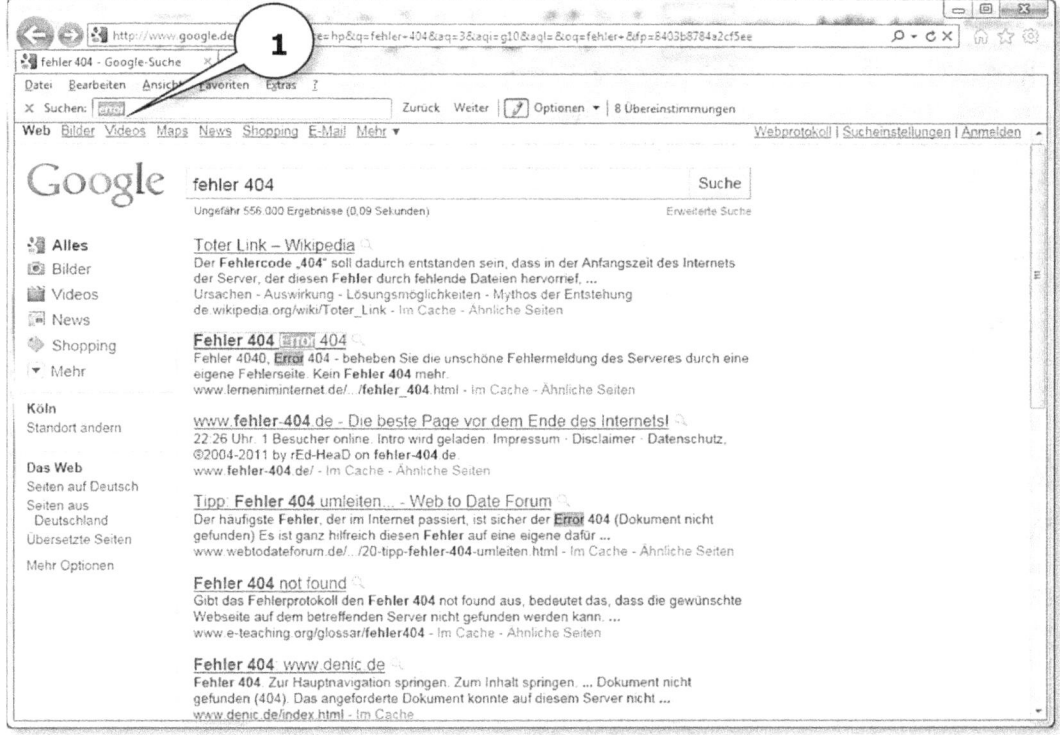

Tastaturkürzel

Tasteneingabe	Funktion
F1	Zeigt Hilfe an
F4	zeigt eine List mit bereits eingegebenen Adressen an
F5	Seite aktualisieren
F6	Markiert die Adresseingabezeile
F7	startet die Tastaturnavigation
F11	Umschaltung zwischen Vollbild und Standardansicht
F12	startet die Entwicklertools
Tab	Blättert vorwärts durch die Eingabefelder einer Formularseite, der Adressleiste oder der Favoritenleiste
Shift + Tab	Blättert rückwärts durch die Eingabefelder einer Formularseite, der Adressleiste oder der Favoritenleiste
Alt + Pos1	Ruft die Startseite(n) auf
Alt + Pfeil rechts	wechselt zur nächsten Seite
Alt + Pfeil links	wechselt zu vorherigen Seite
Shft + F10	öffnet das Kontextmenü
Seite rauf	schneller Bildlauf in Richtung Seitenanfang
Seite runter	schneller Bildlauf in Richtung Seitenende
Pfeil rauf	langsamer Bildlauf in Richtung Seitenanfang
Pfeil runter	langsamer Bildlauf in Richtung Seitenende
POS1	springt zum Seitenanfang
Ende	springt zum Seitenende
ESC	Ladevorgang abbrechen
Strg + o	neue Seite öffnen
Strg + n	neues Fenster öffnen
Strg + Shift + p	neues Fenster InPrivate öffnen
Strg + Shift + Entf	Browserverlauf löschen
Strg + k	aktuelle Registerkarte in neuer Registerkarte öffnen
Strg + Shift + t	öffnet die zuletzt geschlossene Registerkarte erneut
Strg + w	schließt das aktuelle Fenster
Strg + s	speichert die aktuelle Seite
Strg + p	druckt die aktuelle Seite
Enter	aktiviert den markierten Link
Strg + i	öffnet die Favoritenliste
Strg + h	öffnet den Verlauf
Strg + j	öffnet den Downloadmanager
Alt	blendet die Menüleiste ein und aus

Tasteneingabe	Funktion
Strg + +	Zoom +10%
Strg + -	Zoom -10%
Strg + 0	Zoom zurück auf 100%
Strg + b	Favoriten verwalten
Alt + z	zu Favoriten hinzufügen
Strg + c	markierte Elemente in die Zwischenablage kopieren
Strg + v	markierte Elemente aus der Zwischenablage einfügen
Strg + x	markierte Elemente ausschneiden
Strg + a	alles markieren

Das kleine Internet-Lexikon

Das kleine Internet-Lexikon ist ein Auszug aus dem Buch "**Das Computer-Lexikon**" **ISBN: 978-3-8370-9923-2** (Siehe Werbung am Buchende). Das Computer-Lexikon umfasst zurzeit mehr als 1300 Computer-Fachbegriffe.

Account
Englisch für "Konto" oder "Abrechnungsnummer". Im Internet ein Konto bei einem Provider oder einem Dienst. Über einen User-Namen und ein Passwort hat man Zugang zum Internet.
So kann auch der Zugriff auf bestimmte Inhalte nur einem bestimmten Personenkreis erlaubt werden. Mitglieder des ADAC können nach Eingabe des Namens und der Mitgliedsnummer auf zusätzliche Service-Seiten zugreifen. Siehe http://www.adac.de/.
Halten Sie also Ihre Mitgliedsnummer geheim, bevor ein anderer auf Ihre Kosten (d.h. Club-Beiträge) diese Angebote nutzt.

Acrobat-Reader
Ein "Quasi-Standard"-Programm der Firma von Adobe, um plattformunabhängige Dokumente (PDF-Dateien) darzustellen und zu drucken. Wird seit einiger Zeit nur noch als Adobe-Reader bezeichnet.

AddOn
Englisch für "Erweiterung". Zusätzliche Hard- oder Software, um die ursprüngliche Funktionalität bzw. Leistungsfähigkeit zu erweitern.

Adresse
a) E-Mail Adresse
Jeder Netzteilnehmer bekommt eine Adresse, die in der Regel aus seinem Namen und dem Namen des Rechners besteht, über den er ans Internet angeschlossen ist. Damit kann man jeden Netzteilnehmer eindeutig im Internet identifizieren. Mit der E-Mail-Adresse können Sie elektronische Post (E-Mail) empfangen und versenden oder sich "online" mit anderen Netzteilnehmern unterhalten.

b) Name einer Web-Seite
Eindeutige Bezeichnung, unter der Sie eine Web-Seite bzw. ein Dokument finden (siehe unter URL oder HTTP-Adresse).

Anbieter
Inhaber eines Internet-Angebots (siehe Homepage, Web-Site) oder Anbieter von Internet-Dienstleistungen (siehe Provider).

Applet
Ein in der Internet-Programmiersprache Java oder als ActiveX-Control geschriebener

Hypertext Baustein. Solche Applets können in Web-Seiten integriert werden. Sie werden von einem Server geladen und auf dem Klientenrechner ausgeführt. Vergleiche hierzu Servlet.

Attachment
An eine E-Mail angehängte Datei, die mit versendet wird.

Authentisierung
Authentisierung (auch Authentifizierung) "lässt" einen Benutzer nur dann "herein" oder gestattet ihm die Nutzung von Diensten, wenn er den Nachweis erbracht hat, dass er "echt" ist.

- Benutzername in Verbindung mit einem Passwort (für Internet- und E-Mail-Dienste)
- Chipkarte (z.B. beim Telebanking oder für Ausweissysteme)
- Kennwort (beim Telefonbanking)
- Chipkarte und PIN beim Handy oder EC-Karte
- PIN und TAN beim Internet-Banking

Autoresponder
"Automatischer Beantworter". Funktion eines E-Mail-Programmes oder E-Mail-Servers, bei Eintreffen von elektronischen Nachrichten automatisch eine vorher formulierte Antwort abzusenden.
Zum Beispiel: "Ihre E-Mail ist eingegangen. Ich bin bis 1.7. im Urlaub. Danach werde ich Ihnen sofort antworten. Ich hoffe auf Ihr Verständnis!"

Bandbreite
Als Bandbreite bezeichnen Experten die Datenmenge, die sich innerhalb eines bestimmten Zeitraums übertragen lässt. Sie wird in Bit oder Millionen Bit pro Sekunde (bps oder Mbps) angegeben. Während deutsche Universitäten innerhalb des Breitband-Wissenschaftsnetzes schnelle Internet-Verbindungen mit 155 Mbps nutzen können, müssen Privatleute meist mit 56.800 bps (Modem) auskommen. Beides sind aber nur theoretische Werte: Die tatsächliche Bandbreite fällt durch Datenstaus im Netz oft wesentlich geringer aus. Siehe auch ATM und Standleitung.

Banner
auf vielen Web-Seiten findet sich Firmenwerbung, die meist als "Werbeband" in die Seite eingefügt wird. Hinter diesen Grafiken verbirgt sich ein Link zur werbenden Firma bzw. zum Anbieter. Die Aufrufe (AdClicks) dieser Banner können protokolliert werden, damit der Werbetreibende eine Rückkopplung erhält. Wenig angeklickte Banner sind z.B. schlecht gemacht oder verfehlen die eigentliche Zielgruppe.

Internet Explorer 9 für den Hausgebrauch

Body
a.) Der Body einer E-Mail enthält die eigentliche Nachricht. Zustellungsinformationen befinden sich im Header.
b.) Zwischen den Tags **<BODY>** und **</BODY>** wird der eigentliche Inhalt einer HTML-Seite definiert.

Bookmark
oder deutsch ' Lesezeichen '. Eine Methode, die Adresse (auch URL) von Web-Seiten zu speichern. Damit können Sie Ihre Lieblingsseiten schneller wieder finden. Jeder ordentliche Browser bietet eine Bookmark-Funktion mit Speichern, Verwalten, Im- und Export. Bevor Sie also zu Papier und Bleistift greifen, um sich eine interessante Adresse aufzuschreiben, schauen Sie sich lieber diese Funktionen an. Im Microsoft-Internet-Explorer werden Lesezeichen auch ' Favoriten ' genannt. Siehe auch "Lesezeichen/Bookmarks".

Browser
Sprich "Brauser". Leicht bedienbare Basissoftware, um sich im Internet überhaupt bewegen (also 'surfen') zu können. Der Browser (englisch "to browse": schmökern, sich umsehen) stellt die Verbindung zum World Wide Web (WWW) her und stellt Text- und Bilddateien dar. Per Mausklick "surft" man von Inhalt zu Inhalt, von Rechner zu Rechner, Eintippen ist meist überflüssig.
Ein Browser unterstützt von Haus aus Dienste wie HTTP, News, und FTP.
Je nach Leistungsumfang des Browsers können andere Multimedia-Dokumente wie Ton, Musik und Video verarbeitet werden. Mit Plug-Ins kann man die Fähigkeiten seines Browsers erweitern. Die bekanntesten Browser sind der Microsoft Internet-Explorer (ist Bestandteil von Microsoft Windows), der Netscape Navigator oder der Opera-Browser. Vergleiche auch Offline-Browser.

Button
Englisch für "Knopf", "Schalter" oder auch Schaltflächen von Programmen, bei denen bestimmte Funktionen ausgeführt werden. Auf Web-Seiten sind Buttons meist mit einem Link verknüpft.

Cache
Sprich "Kasch". Oft wird dieses Wort französischer Herkunft ("cacher" für "verbergen") aber auch englisch "Käsch" ausgesprochen. Gemeint ist ein Zwischenspeicher, in dem Daten (Internetdateien, Texte, Bilder etc.) abgelegt werden. Stellt z.B. der Browser fest, dass die gewünschten Dateien schon vorhanden sind, werden sie direkt aus dem Cache geladen. Damit wird das Netz entlastet. Zeit und Geld werden gespart. Weil die Kosten für den Provider meist volumenabhängig abgerechnet werden, setzen gerade Provider mit Pauschaltarifen Proxy-Rechner mit Cache-Speichern ein.

Cascading-Style-Sheets (CSS)
ist ein Standard zur Beschreibung der Layouteigenschaften von HTML-Dokumenten. Dabei können Layoutinformationen auch für mehrere HTML-Seiten in separaten Dateien

(Style Sheets) abgelegt werden. Vorteil: HTML-Dateien insgesamt werden kleiner, der HTML-Designer erhält mehr Freiheiten bei der Seitengestaltung. Sie sind vergleichbar mit Druckformatvorlagen von Textverarbeitungsprogrammen. Nicht alle Browser können die im März 1998 definierte Version 2.0 komplett interpretieren.

Chat
Sprich "schätt". Chat-Programme (engl. Schwatzen) ermöglichen Ihnen online einen direkten Austausch mit anderen Internet-Nutzern von Bildschirm zu Bildschirm. Hierbei kann es durchaus um ernsthafte Themen gehen. Man kann aber auch zum Zeitvertreib über etwas Belangloses oder Unsinniges palavern. Wie so was funktioniert, sieht man bei z.B. bei http://www.chatworld.de/. Siehe auch IRC und Seite "Chat".

Chatiquette
Ist eine Erweiterung der allgemeinen Internet-Verhaltensregeln (siehe Netiquette) speziell für den Chat-Dienst:

- Die Frage "Will hier niemand mit mir chatten?" ist eigentlich immer überflüssig.
- Für persönliche Ansprache wird vor die Message der Name des Teilnehmers mit einen Doppelpunkt gesetzt.
  Etwa so: CyberDude: pacman: Was für gute Kölschsorten kannst Du mir empfehlen?
- GROSSBUCHSTABEN oder **Fettdruck** symbolisieren im Chat lautes Schreien!
- Dränge niemanden dazu, persönliche Angaben über sich zu machen.
- Wenn jemand hereinschneit und beleidigend wird, ignoriere ihn einfach.
- Wenn jemand zu sehr nervt, dann schreibe eine E-Mail an den jeweiligen Chat-Admin.
- Nicht jeder gibt gleich seine Telefonnummer oder seine E-Mail-Adresse preis. Respektiere das!
- Unterscheide zwischen öffentlichen und privaten Mitteilungen.
- Erst einmal die Lage zu peilen, bevor man groß mit Meldungen anfängt.
- Erinnere dich daran, dass du nicht ganz anonym bist. Ein Chat-Server kennt deine IP-Adresse.

Clickable-Image
siehe Clickable-Map

Clickable-Map
Eine Grafik auf einer HTML-Seite mit sensitiven Flächen (Hotspots). Unterschiedliche Bereiche der Grafik verweisen auf unterschiedliche Links, die per Mausklick angewählt werden können.

Content-Management
Inhalte (englisch: "content") größerer Internet-Auftritte können nicht mehr "von Hand" oder nur wenigen Personen
verwaltet werden. Effektiver können solche Internet-Angebote durch geeignete Content-Management-Systeme bzw. Methoden verwaltet und gepflegt werden.
Dazu gehören:

- Automatisierung von Publikationsvorgängen: "Ändern und dann per Knopfdruck 'online' auf dem Internet-Server".
- Integration von tagesaktuellen Beiträgen (z.B. Nachrichten),
- Direkt-Zugriffe auf Datenbanken (z.B. Börsenkurse, Produktdaten, Preislisten),
- Integration von Suchmaschinen und Archivfunktionen, Anwenderforen etc.,
- Verwaltung von Rechten "Wer darf welche Inhalte auf dem Server verfassen, ändern (pflegen) und freigeben?".

Content Provider
Eine Firma, die (außer dem Internetzugang) eigene Inhalte (englisch: "content") und Informationen im Online-Bereich anbietet. Siehe auch IPP, ISP, POP-Provider.

Cookie
Ein Cookie (engl. Keks) ist eine Information, die ein Web-Server bei einem Clientprogramm (Netscape siehe Datei cookies.txt) ablegt. Damit lassen sich Zustände speichern, so dass ein Benutzer bei einem späteren Besuch seine gewohnte Umgebung vorfindet. Cookies haben üblicherweise ein "Verfallsdatum", nach dem sie gelöscht werden. Zur Sicherheit werden die Informationen eines Cookies nur an den Web-Server zurückgegeben, der Ihn ursprünglich angelegt hat.
Man sollte sich darüber im Klaren sein, dass mit dieser Technik auch ein Profil des Anwenders über seine Surfgewohnheiten erstellt werden kann.

Cyberspace
Im Computerdeutsch beschreibt das Modewort Cyberspace unter anderem die Online-Welt: Ihre Foren dienen als elektronischer Treffpunkt von Menschen, die weltweit via Netz verbunden miteinander kommunizieren. Künstler und Ingenieure definieren den Cyberspace-Begriff anders. Sie charakterisieren damit Virtual-Reality-Anwendungen, die ihren Benutzern durch eine 3D-Brille räumliche Eindrücke vermitteln.

DENIC
DEutschen **N**etwork **I**nformation **C**enter (DE-NIC)". Deutsche Domains unterhalb der Top Level Domain (TLD) DE werden bei der DENIC eG registriert.
Unter der Internetadresse: http://www.denic.de/ können Sie den Inhaber einer deutschen Domain aus der WHOIS-Datenbank ermitteln. Weitere Details unter Domain.

DFÜ
steht für **D**aten**f**ern**ü**bertragung. Ein etwas veralteter Begriff für "Online" sein.

DHTML
Dynamisches HTML. Sammelbegriff für verschiedene Lösungen bei denen einzelne Elemente in HTML-Dateien während der Anzeige dynamisch ihren Inhalt ändern. Dies kann z.B. mit Hilfe von Applets oder JavaScripts realisiert werden.

Domain
Teil bzw. Ebene in einer Adresse, den Konventionen (Rechtsbestimmungen) des Domäne-Name-Systems (DNS) folgend. In der Adresse werden die Domänen voneinander jeweils durch einen Punkt getrennt, z.B. www.tagesschau.de.
Deutsche Domains unterhalb der Top Level Domain (TLD) "DE" werden bei der DENIC eG (http://www.denic.de/) registriert.
Hier als Beispiel der WWW-Kurs in der WHOIS-Datenbank der DENIC.

Domainname:	net4web.de
Domaininhaber:	Franz Hansmann Sophienstr. 18 D-50321 Brühl Germany
Administrativer Ansprechpartner (Admin-c): **Ansprechpartner beim Domaininhaber** **für rechtliche und administrative Fragen**	Franz Hansmann
Technischer Ansprechpartner (Tech-c): **technische Kontaktperson der Domain**	Intertech
Zonenverwalter (Zone-c): **Nameserver-Administrator der Domain**	ns.ipcore.de

In einem Domainnamen sind Buchstaben des Alphabets und Ziffern und der Bindestrich verwendet werden. Seit dem 1. März 2004 dürfen weitere 92 Buchstaben in .de-Domains verwendet werden.
Damit sind auch deutsche Umlaute möglich, jedoch wird es das "ß" in Internet-Adressen weiterhin nicht geben.
In Österreich gibt es nur 34 zusätzliche Zeichen. Dies sind die Kleinbuchstaben des ISO 8859-1 Zeichensatzes sowie die drei Zeichen œ, š und ž.
In der Schweiz ist man traditionell noch sparsamer. Dort gibt es nur 31 zusätzliche Zeichen!

Hier ein Auszug aus den Vergaberichtlinien für deutsche Internet-Domains:

> Ein gültiger Domain-Name besteht aus Zahlen und Buchstaben und dem Zeichen "-" (Bindestrich), wobei er mit einer Zahl oder einem Buchstaben beginnen und enden muss. Das Zeichen "-" (Bindestrich) ist weder am Anfang noch am Ende zulässig.

Internet Explorer 9 für den Hausgebrauch

> - Ein Domain-Name muss mindestens einen Buchstaben enthalten (ansonsten wäre Verwechslung mit IP-Adressen möglich).
> - Beim Domain-Namen wird nicht zwischen Groß/Kleinschreibung unterschieden.
> - Der Domain-Name endet mit einem Buchstaben oder einer Zahl.
> - Die Mindestlänge des Domain-Namens beträgt 3 Zeichen.
> - Die Namen bestehender TopLevelDomains (arpa, com, int, gov, mil, nato, net, org, edu ...), 1- und 2-buchstabige Abkürzungen sowie deutsche Kfz-Kennzeichen sind als Domain-Namen nicht zulässig.
> - Eine weitere, eigene Unterteilung ist möglich (direkte Subdomain von uni-karlsruhe.de ist z.B. rz.uni-karlsruhe.de).

Die antragstellende Organisation ist bei der Wahl des Domainnamens selbst für die Einhaltung des Namensrechts verantwortlich, evtl. auftretende Konflikte mit eingetragenen oder geschützten Namen sind zu beheben.

Für Domains wie "com", "net" und "org" können Sie hier nachfragen, ob sie noch zu haben sind: http://www.nic.net/

Domain-Adresse
In der Regel frei wählbarer Name für einen Internet-Server. Z.B. der Art "http://www.Name.de" oder der Art http://www.Firma.Provider.de. Hier ist eine Firma sozusagen Untermieter beim Provider, was etwas billiger ist, als eine eigene Domain zu unterhalten. An den Domain-Namen wird in den Beispielen noch das Landeskürzel "de" für Deutschland angehängt, siehe auch Seite "Adresse (URL)".

Domain-Grabbing
Eine Domain-Adresse lässt sich beantragen, auch ohne dass ein Internet-Server unter dieser Adresse betrieben wird. Es gilt: Wer zuerst kommt, mahlt zuerst. Einige ganz Clevere haben sich Rechte an attraktiven oder einprägsamen Domain-Namen vorab gesichert, nur um sie später gewinnbringend an mögliche Interessenten weiterzuverkaufen. Entschließt sich also der Fernsehsender "Pro-8" unter der Adresse http://www.pro-8.de aktiv zu werden, könnte es sein, dass die Adresse bereits reserviert ist. Hieraus resultierende Streitigkeiten haben schon öfters vor Gericht geendet. Ein anderer Name hierfür ist Cyber-Squatting.

Download
Sprich "daunlot". Bei einem Download werden Dateien beliebigen Inhalts von einem Server abgerufen und auf den eigenen Computer übertragen. Im Internet wird hierzu häufig FTP eingesetzt. Diesen Vorgang in der umgekehrten Richtung nennt man Upload.
Testen Sie doch mal http://www.download.com/, suchen Sie sich dort ein schönes Programm aus, und laden Sie es anschließend von einem FTP-Server auf die eigene Festplatte!

Internet Explorer 9 für den Hausgebrauch

Wenn Sie beim Surfen mit der rechten Maustaste z.B. auf ein Bild klicken, bekommen Sie eine Funktion 'speichern unter' angeboten, um dieses Bild auf Ihre Festplatte "downzuloaden" (um nicht zu sagen zu klauen). Wenn nach einer Stunde Download-Zeit, kurz vor Ende der Übertragung, die Leitung zusammenbricht, dann kann Go!Zilla unterbrochene Downloads wiederherstellen bzw. fortsetzen. Dieses Freeware-Tool findet sich auf zahlreichen Freeware-Seiten. Siehe auch "Shareware-Suchtipps".

DSL
Digital **S**ubscriber **L**ine. Digitaler Teilnehmeranschluss zur Übertragung von Daten über Fernsprech-Kupferkabel für kurze Entfernungen (ca. 5 Km) mit hohen Übertragungsraten. In der Praxis ist DSL circa 10-mal so schnell wie eine ISDN-Verbindung. Dafür sind spezielle Modems erforderlich. Siehe auch Übersicht unter xDSL.

dynamische IP-Adresse
Jeder Provider besitzt mehrere IP-Adressen, die er Klientenrechnern (also Ihnen als Surfer) zuordnen kann, denn ohne eine IP-Adresse geht im Internet nichts. Sie bekommen in der Regel beim Einwählen eine gerade freie IP-Adresse per DHCP zugewiesen. Sonst müsste jeder potenzielle Internetrechner eine feste IP-Adresse bekommen, was für private Online-User zu aufwendig wäre. Für die Internet-Telefonie und andere Dienste ist dies von Nachteil: Man weiß nie, unter welcher IP-Adresse ein Teilnehmer-PC gerade ansprechbar ist. Wenn Sie unter Windows95 surfen, können Sie mit dem Programm WINIPCFG.EXE die eigene IP-Adresse abfragen.

E-Business
Unter E-Business versteht man alle Formen der elektronischen Geschäftsabwicklung. Dazu gehören z.B. der elektronische Handel (E-Commerce) mit seinen mobilen Varianten (M-Commerce), E-Consulting, E-Publishing, Telebanking, Teleshopping usw. Dabei ist das Internet das Hauptmedium. Aber auch über firmeninterne oder "nicht-Internet"-Netze von z.B. Behörden bzw. Banken und drahtlose Kommunikationsformen (SMS) können auf elektronischem Weg Geschäfte abgewickelt werden.

E-Commerce
Unter E-Commerce (gesprochen "ieh-kommörs") versteht man alle Formen von elektronischer Vermarktung und den Handel von Waren und Dienstleistungen über elektronische Medien wie das Internet. E-Commerce ist eine "Untermenge" des E-Business. Siehe auch V-Commerce, E-Consulting, E-Publishing, Telebanking und Teleshopping. Neben dem Internet können E-Commerce-Transaktionen auch über firmeninterne oder "nicht-Internet"-Netze von z.B. Behörden und Banken abgewickelt werden. Praxisnahe Informationen zum Thema bietet Ihnen das deutsche Forum "Electronic Commerce InfoNet" (ECIN) unter http://www.ecin.de/.

E-Learning
steht für "Electronic Learning". Als Beispiel ein mögliches Szenario:
Ein Referent ist über das Internet - oder andere Netzwerkverbindungen - mit einem oder

auch mehreren Lehrgangsteilnehmern verbunden, die alle an einem (oder mehreren) anderen Ort sitzen (können). Der Referent kann mit elektronischer Hilfe Unterrichts-Folien auflegen, auf eine Tafel skizzieren, Videos einblenden, den Teilnehmern über die Schulter (sprich auf ihren Bildschirm) schauen und auch selber eingreifen (Application-Sharing), wenn einer Hilfe benötigt. Referent und Teilnehmer können in Bild und Ton untereinander kommunizieren (Videokonferenz). Auf diese Art und Weise lassen sich Reise- und Unterbringungskosten sowie Ausfallzeiten reduzieren.

E-Mail
ist die Kurzform von "Electronic Mail" (elektronische Post). Im Lexikon heißt es übrigens **die** E-Mail. E-Mail ist eine Form von persönlicher Nachrichtenübermittlung zwischen zwei oder mehr Computerbenutzern über ein Netzwerk. Der Vorteil gegenüber der gelben Post (Online-Deutsch: "Snail Mail" für Schnecken-Post) liegt auf der Hand: E-Briefe sind billiger und schneller als ihre Papier-Pendants. Außerdem können zu dem Text auch Dateien mit übertragen werden. Vergleiche hierzu den Artikel an eine Newsgroup.

Explorer
Microsoft nennt seinen Browser "Internet-Explorer". Die schärfsten Konkurrenten sind Netscape mit seinem Navigator und FireFox von Mozilla.

Extranet
Extranet bezeichnet den Intranet-Datentransfer über das Internet. So können weit entfernte Firmen-Filialen verbunden werden, wenn eine direkte Intranetverbindung zu aufwendig wäre. Auch Partnerfirmen, Lieferanten, Geschäfts- und Privatkunden können via Extranet erreicht werden. Die Datensicherheit kann z.B. über kryptologische Verfahren gewährleistet werden. Siehe auch VPN.

FAQ
Frequently **A**sked **Q**uestions bedeutet "häufig gestellte Fragen". Also handelt es sich um Dokumente, die ständig wiederkehrende Fragen beantworten. Softwarefirmen geben ihren Programmen oft eine solche Liste der häufig gestellten Fragen mit oder stellen solche Informationen ins Internet, um so ihre Hotline zu entlasten. Das Internet ist eine hervorragende Quelle für FAQs und HowTos.

Favicon
Favicon (Betonung "fav-eye-con") ist die englische Kurzform von "favorite icon". Diese kleinen Symbole (Icons) erscheinen in der Adresszeile des Browsers bzw. bei den Favoriten (Lesezeichen/Bookmarks). Sie erleichtern die Unterscheidung der Adressen von Webseiten, im Vergleich zur "nur-Text"-Darstellung. Der MSIE zeigt Favicons nur dann an, wenn man die gewünschte Seite vorher als Favoriten angelegt hat. Der Netscape-Browser unterstützt Favicons ab der Version 7, nennt sie aber Website-Icons. Der Betreiber der Webseite muss nur eine Datei mit Namen "favicon.ico" mit einer 16 mal 16 Pixel großen Pixelgrafik im Verzeichnis zu hinterlegen.

Internet Explorer 9 für den Hausgebrauch

Favoriten
Als Favoriten werden im Microsoft-Internet-Explorer die Bookmarks (Lesezeichen) bezeichnet.

Firewall
Englisch für "Feuerschutzwand". Ein elektronisches Sicherheitssystem, das eine elektronische Barriere zwischen einem Intranet und dem Internet aufbaut, um das Netzwerk und die PCs eines Unternehmens vor dem Zugriff durch fremde Nutzer zu schützen. Die Frage heißt es "der" oder "die" Fireball ist nicht eindeutig zu beantworten. Übersetzt man "Firewall" mit "Feuerwall" wäre "der" richtig, bei "Feuerwand" oder "Feuermauer" wäre "die" richtig. Befragt man http://www.google.de so gewinnt "die Firewall" mit 885.000 Treffern vor "der Firewall" mit 603.000 Treffern. Auch im Duden findet sich *"Firewall, > Fire|wall, die; -, -s u. der; -s, -s"*

Flash
Ein Programm der Firma Macromedia zum Erstellen von vektorbasierten Animationen auf Webseiten. Zum Abspielen ist der Flash-Player als Plug-In nötig. Beispiele finden Sie auf der deutschen Macromedia-Seite: http://www.macromedia.com/de/. Hier gibt es auch das Plug-In als Download. Vergleiche auch "Shockwave" von Macromedia.

Flat-Rate
Englisch für "Pauschaltarif" bzw. "Einheitspreis". Einige Internet-Provider oder Telefongesellschaften bieten solche Pauschaltarife. So zahlt man z.B. nur eine monatliche Grundgebühr an den Provider und kann ohne zeitliche bzw. mengenmäßige Begrenzungen surfen. Bei einer Full-Flat-Rate sind auch die Verbindunsgebühren im Preis enthalten.

Formular
Eingabefelder auf einer Web-Seite. Z.B. bei Suchmaschinen oder zur Eingabe von Kommentaren, Bestellungen, Fragebogenaktionen etc. Die Inhalte werden an einen Server zurückgeschickt. Überlegen Sie sich, ob die Daten, die Sie hier preisgeben, nicht zu Ihrem Nachteil verwendet werden können.

Frame
Aufteilung der Darstellungsfläche eines Browsers in mehrere voneinander abhängige Fenster. So lässt sich z.B. in einem kleinem Frame ein Inhaltsverzeichnis darstellen und in einem größeren Frame der gewählte Inhalt. Die Orientierung beim Surfen kann so verbessert werden.
Die Frametechnik ist noch nicht nach HTML standardisiert. Nicht alle Browser bzw. Browser-Versionen können Frames darstellen.

Freeware
Kunstwort aus **free** (englisch für "frei") und Software. Auf Freeware-Software müssen Sie keine Lizenz- bzw Registrierungsgebühren zahlen, sie steht Ihnen im Gegensatz zu

Shareware frei zur Verfügung. Von den Autoren wird keine Funktionsgarantie oder Haftung für eventuelle Schäden übernommen. Siehe und vergleiche auch Open-Source, PD, Shareware.
Unter http://www.freeware.de/ findet man ein sehr umfangreiches deutsches Freeware-Archiv.

googeln
Diese Wort steht für das Durchführen von Internetrecherchen mithilfe der beliebten Suchmaschine Google (http://www.google.de/) und wurde sogar 2004 als neues Wort in den Duden aufgenommen.

Google
Diese amerikanische Suchmaschine Google sucht nicht nur Seiten, sondern bewertet sie auch nach Referenzen im Internet. Man geht davon aus, dass wichtige oder populäre Web-Angebote gerne verlinkt werden. So entscheiden indirekt die Internet-Nutzer, was taugt und was nicht. Auch die Smart-Browsing-Funktion des Netscape-Browsers arbeitet mit dieser Suchmaschine zusammen.
Internetadresse: http://www.google.com/

Google-Earth
Mit diesem beeindruckenden und kostenlosen Dienst der gekannten Google-Suchmaschine, kann man sich jeden Punkt der Erde als Satellitenbild ansehen.
Gibt man z.B. "Berlin" ein, landet man nach einer rasanten "Kamerafahrt" fast auf dem Dach des Reichstags. Den Bildausschnitt kann man verschieben, drehen, verkleinern, vergrößern und kippen. Eine Fülle von Funktionen, wie das Einblenden von Straßennamen, steht zur Verfügung.
Sie sollten aber einen DSL-Anschluss haben, damit die Mengen an Bilddaten auch schnell übertragen werden kann. Download der erforderlichen Software:
http://earth.google.com/

herunterladen
(engl. download, sprich "daunlot"). Mit 'herunterladen' meint man das Übertragen einer Datei eines anderen Rechners auf den eigenen PC.

Homepage
Bedeutet soviel wie (Suchen Sie sich was aus!): Leitseite, Stammseite, Hausseite, Heimseite, Startseite, Anfangsseite, Einstiegsseite, Titelseite, Hauptseite, Netzseite, Internetseite, Web-Seite. Die Homepage ist die erste Seite eines World-Wide-Web Angebotes einer Person oder Firma, die im WWW vertreten ist.

Host
Englisch für "Wirt" oder "Gastgeber". Hosts sind Computer im Internet, die Dienste oder Daten anbieten. Auf den Festplatten von Host-Rechnern sind die Daten gespeichert, die Sie als Online-Surfer im Internet abrufen können. Hosts sind durch das globale Daten-

netz weltweit miteinander verbunden: Per Mausklick auf einen Link (markiertes Bild oder Textstelle) springen Sie von einem Host zum anderen.

HTML
steht für **H**yper**T**ext **M**arkup **L**anguage. HTML ist eine Anwendung (Application) von SGML und beschreibt die Sprachelemente zum Aufbau von Hypertext-Dokumenten. Textformatierung, Darstellung und Positionierung von Bild, Text und interaktiven Elementen erfolgt durch spezielle, in den Quell-Text eingefügte, Steuersymbole (Tags). HTML ist ein offener Standard und wird ständig weiterentwickelt. Die momentan letzte Version ist HTML 4.0, die am 18.2.1998 vom W3-Konsortium (W3C) verabschiedet wurde. Wenn Sie sich mit Hilfe des Browsers den Quellcode einer WWW-Seite anzeigen lassen, sehen Sie "HTML pur". Aber keine Angst, mit HTML-Editoren erstellen Sie auf einfachste Art und Weise solche Seiten. Vergleiche auch XML.

HTTP
steht für **H**yper**t**ext **T**ransfer **P**rotocol (Hypertext-Übertragungsprotokoll). HTTP ist ein Standard zur Übermittlung von HTML-Seiten im Internet. HTTP-Server, also Internetrechner, die HTTP beherrschen, werden oft auch kurz WWW-Server genannt. HTTP wurde am CERN entwickelt.

HTTP-Adresse
Gleichbedeutend wie URL.

Hyperlink
Meist hinter farblich unterlegten Texten oder auch Grafikelementen verbergen sich Hyperlinks. Über solchen Stellen ändert sich der Mauszeiger in ein Handsymbol. Diese verweisen auf andere Dokumente, die auf beliebigen Internet-Rechnern gespeichert sein können. Auf diese Weise sind weltweit verstreute Daten auf einfachste Weise miteinander verbunden.

Impressum
Mit Ausnahme von rein privaten Seiten besteht für Web-Auftritte nach dem Teledienstegesetz bzw. dem MDStV eine **Impressumspflicht**. Bei fehlenden, falschen oder unvollständigen Angaben drohen **Bußgelder** bis zu 50.000 Euro! Aber auch eine **Abmahnung**, mit der sich einige (Winkel-)Advokaten ihren Lebensunterhalt verdienen (Serienabmahnungen) kann schon ärgerlich genug. sein. Selbst ein Werbebanner auf einer privaten Seite könnte schon als "kommerziell" gewertet werden. Gehen Sie lieber auf Nummer Sicher und ergänzen ein Impressum.
Eine wertvolle Hilfe ist z.B. ein digitaler "Webimpressum-Assistent" wie Sie ihn unter http://www.digi-info.de/de/netlaw/webimpressum/index.php finden.

Internet
Der Name leitet sich ursprünglich aus "**inter**connecting **net**work" (inter = zwischen; net = Netz) ab, also ein Netz, dass einzelne Netze untereinander verbindet. Mittlerweile be-

steht das Internet aus einer immensen Zahl regionaler und lokaler Netze in aller Welt, die zusammen "Das Netz der Netze" bilden. Damit erklärt sich auch die oft zu lesende Herleitung "Internet" aus **Inter**national-**Net**, was aber historisch gesehen falsch ist. Das Internet verwendet ein einheitliches Adressierungsschema sowie TCP/IP-Protokolle zur Datenübertragung. Das Internet wurde in den 60er Jahren im Auftrag des US-Verteidigungsministeriums entwickelt, um von Computern erzeugte Daten dem gesamten Verteidigungsapparat zugänglich zu machen. Bedingung war, dass "das Netz" auch nach einer erheblichen nationalen Zerstörung, wie beispielsweile einem Nuklearangriff, noch funktionieren sollte. Dies wurde durch gleichberechtigte, möglichst viele Verbindungen erreicht. Über die Universitäten trat das Internet dann seinen Siegeszug um die Welt an. Mittlerweile ist es auch Privatpersonen offen. Das Besondere am Internet ist, dass es niemandem gehört und dass es niemand verwaltet.

Internet2
Unter den Projektnamen "**Abilene**" ist ein Hochleistungsnetzwerk in den USA entstanden, das zunächst 37 Universitäten, Forschungseinrichtungen und High-Tech-Unternehmen verbindet. Daten, Sprache und Bilder werden über Glasfaserkabel mit 622 MBit pro Sekunde (etwa 4,6 GB pro Minute, was dem Inhalt von circa 7 Musik-CDs entspricht) übertragen. The Internet2 Project: http://www.internet2.edu/.

Internet-Banking
Homebanking (Telebanking) über das Internet. Siehe auch "Homebanking".
Internet-by-Call Siehe unter "Call-by-Call".

Internet-Update
Viele Progamme bieten die Möglichkeit Aktualisierungen (Updates) über des Internet zu laden. Dies ist z.B. für Anti-Virensoftware wichtig, die immer auf dem neusten Stand gehalten werden muss. Auch Windows bietet die Möglichkeit. Sobald eine Internetverbindung erkannt wird, können die Programm "zu hause" beim Hersteller anfragen, ob es etwas neues gibt.

Intranet
Ein auf Internet-Techniken basierendes Netz, das nach außen abgeschottet ist. Aus dem Intranet kann zwar auf das Internet zugegriffen werden, nicht aber umgekehrt (siehe Firewall). Ist ideal für Firmen, um interne Daten nur für die Mitarbeiter bereitzustellen.

IP
Das **I**nternet **P**rotokoll definiert Aufbau und Adressierung von Datenpaketen in TCP/IP-Netzwerken.

IP-Adresse
Eine IP-Adresse besteht aus einem Zahlencode von vier Zahlen, jeweils zwischen 0 bis 255, die durch Punkte getrennt werden (z.B. 192.148.0.195). Damit ist jeder Internetrechner eindeutig adressierbar. Damit man sich solche Ziffernblöcke nicht merken muss,

Internet Explorer 9 für den Hausgebrauch

arbeitet man mit alphanumerischen Bezeichnern, weil "www.bmw.de" einprägsamer als "192.109.190.4" ist. Beim Surfen werden diese "sprechenden" Adressen automatisch in Hintergrund mit Hilfe eines "Domain Name Systems" (DNS) umgesetzt.
Wenn Sie unter Windows 95/98 surfen, können Sie mit dem Programm WINIPCFG.EXE die eigene IP-Adresse abfragen, unter Windows-NT mit IPCONFIG.EXE.
Siehe auch Seite "URL" und DHCP, dynamische IP-Adresse, Netzklasse.

ISP
Ein Internet Service Provider verkauft als Dienstleister die Anbindungen an das Internet. Ein ISP kümmert sich um den reibungslosen Betrieb seines Teilnetzes und dessen Kommunikation mit den anderen Teilnetzen des Internet. Mitunter koppeln sich kleinere ISP an leistungsfähige Netze größerer ISP.

Java
Sprich "Dschawa". Von Sun entwickelte, objektorientierte und rechnerunabhängige Programmiersprache, die z.B. zur Gestaltung von Hypertext-Dokumenten verwendet wird. Dabei werden Quelltexte von Programmen durch einen Compiler in einen plattformunabhängigen Zwischencode übersetzt. Dieser kann von geeigneten Interpretern (=Interpretierer) auf beliebigen Rechnersystemen bzw. Plattformen abgearbeitet werden. In einigen WWW-Seiten sind Java-Applets integriert, um z.B. Buttons und Grafiken zu animieren. Java-fähige Browser (Netscape-Navigator ab Version 3.0) können diese Java-Applets ausführen. Java wird nach ISO standardisiert werden.
Anders als beim Konkurrenzprodukt 'ActiveX' von Microsoft laufen Java-Anwendungen auf jedem Betriebssystem.

Java-Applet
Java-Applets sind in der Programmiersprache Java geschriebene Programme die kompiliert vom Server an den Nutzer übertragen werden. Der javafähige Browser des Anwenders führt das Programm mittels seiner Java-Virtual-Machine (JVM) aus. So können beispielsweise Audio-Sequenzen ohne ein Plug-In abgespielt werden.

JavaBeans
JavaBeans sind auf die Programmiersprache Java basierende und damit plattformunabhängige Software-Komponenten von der Firma Sun Microsystems.
Vergleiche auch ActiveX, COM, DCOM, OCX und OLE.

JavaScript
Ein von der Firma Netscape eingeführter Standard, um in HTML-Seiten ausführbare Scripte zu integrieren. Mit einem JavaScript können interaktive Formulare mit Plausibilitätsprüfungen oder Berechnungsfunktionen realisiert werden, siehe Beispiel auf Seite "Java". Für sicherheitsrelante Funktionen (z.B. Authentifizierung) ist JavaScript nicht geeignet.
JavaScript und Java sind unterschiedliche Systeme, die erst ab der Netscape-Navigator

131

Version 3.0 und mit Hilfe des Zusatzprogramms 'LiveConnect' miteinander kombiniert wurden.

Java-Interpreter oder
Java-Virtual-Machine
Java-Programme, die z.B. zusammen mit dem Inhalt einer Web-Seite übertragen werden, können nicht direkt ausgeführt werden. Der Browser übergibt die Programme an (s)einen Java-Interpreter, der die Java-Befehle in Maschinenbefehle umsetzt.

Lesezeichen
Früher hat man sich Merker in Bücher gesteckt, um Seiten wiederzufinden. Um Adressen von Web-Seiten wiederzufinden, bieten Internet-Browser eine Lesezeichen-Funktion (Bookmarks oder Favoriten).

Link
Ein Link (Kurzform von Hyperlink) ist eine Verknüpfung. Durch simples Klicken auf eine solche Hypertext-Verknüpfung gelangen Sie zu anderen Internet-Rechnern beziehungsweise -Inhalten. Über solchen Stellen ändert sich der Mauszeiger in ein Handsymbol. Die Technik ist ähnlich den Links in Windows-Hilfen. Dadurch wird 'Surfen' im Internet erst ermöglicht. Stellen Sie sich bloß vor, Sie müssten eine ellenlange Internetadresse immer per Tastatur eingeben!

Login
Eingabe von Anwendername und Passwort zur Identifikation eines Benutzers gegenüber einem Server bzw. Host.

Logoff
Beenden einer Datenverbindung zu einem Server bzw. Host.

Mozilla
"Mozilla" war der erste Codename des Netscape Navigators und ist heute noch, in Form eines Comic-Dinosauriers, das Maskottchen von Netscape. Gleichzeitig ist Mozilla auch die Kennung, mit der sich WWW-Browser von Netscape (und auch anderen Firmen) bei einem Web-Server identifizieren.
Unter http://www.mozilla.org/ können Sie den **Firefox**-Browser und den **Thunderbird**-E-Mail-Client kostenlos downloaden.

MSIE
Kürzel für den **M**icro**S**oft **I**nternet **E**xplorer. Siehe Browser

Navigator
Netscape nennt seinen Browser Netscape® Navigator. Ab der Version 4 ist er Bestandteil des "Netscape® Communicator", bei dem einige kommunikative Funktionen hinzu-

gekommen sind. Inzwischen hat der Microsoft-Internet-Explorer (MSIE) die Marktführung übernommen und verdrängt immer mehr den Netscape Browser.

Netiquette
Auf Basis freiwilliger Übereinkunft entstandene Verhaltensregeln für das Internet. Vergleiche Chatiquette.

Netizen
Verknüpfung der englischen Worte "net" und "citizen": Ein über das Internet vernetzter Bürger.

Newsletter
Viele Web-Seiten bieten einen Newsletter-Service. Sie können sich registrieren lassen und erhalten automatisch per E-Mail Informationen z.B. zu neuen Produkten oder Nachrichten. Sie ersparen es sich, ständig auf die Internetseiten einer solchen Firma zu schauen, ob Sie hier was Neues finden.
Eine Übersicht deutschsprachiger Newsletter bzw. Mailinglisten finden Sie unter http://www.newsmail.de.

Newsticker
Wie früher die Nachrichten aus den Fernschreiber tickerten, kann man ähnliche Effekte auch auf Web-Seiten darstellen. Sie können Werbung, aber auch "richtige" aktuelle Nachrichten enthalten.

Offline
Es besteht keine Datenverbindung, etwa zum Internet.
Tipp: Schalten Sie auf "Offline", nachdem ihre E-Mails vom Provider übertragen wurden und lassen sich dann zum Lesen und Beantworten ausreichend Zeit. Erst, wenn Sie eigene E-Mails senden wollen oder weitersurfen wollen, schalten Sie wieder auf "Online". Siehe auch "Online".

Online
Online heißt elektronisch verbunden sein. Das sind Sie, wenn Sie sich z.B. über Modem und Telefon bei einem Provider eingewählt haben und Internet-Seiten oder andere Dienste abrufen.

Online-Dienst
Solche Dienste ermöglichen ihren Mitgliedern den Zugang zum Internet. Außerdem bieten sie ein (möglichst) ausgewähltes, überschaubares und gut strukturiertes Angebot. Man spricht dann auch von Content-Providern (content: engl. für Inhalt). Bekannte Namen sind AOL, CompuServe oder T-Online.

Online-Dokumentation
Online abrufbare Dokumentationen über Produkte, Dienstleistungen u.a., die über Netze (firmeninterne Intranets oder öffentliche Netze wie dem Internet) abrufbar sind. Der Anwender ruft sie bei Bedarf "Online" ab. Dieser Kurs ist auch eine Online-Dokumentation. Sobald ich eine Änderung ins Internet "gestellt" habe, ist der aktualisierte Inhalt weltweit abrufbar.
Ein Papier-Handbuch muss erst gedruckt und dann verteilt werden, was höhere Kosten verursacht. Es kann schon veraltet sein, wenn es der Anwender ins Regal räumt. Viele Handbücher werden erst gar nicht gelesen, d.h. sie wurden umsonst gedruckt. Siehe auch Online-Hilfe.

Online-Hilfe
Vielseitige, elektronisch und online verfügbare Hilfe-Angebote gibt es für die unterschiedlichsten Zwecke und Zielgruppen:

- Entlastung der Hotline: Häufig gestellte Fragen (FAQ) sind mit Antworten abrufbar
- Produkt-Service (E-Service): Infos, Downloads, Patches und Workarounds für Softwareprodukte

Mit geeigneten Programmen wie WinHelp können (parallel zur Windows-Hilfe) auch Online-Hilfen
realisiert werden, die internetfähig sind. Vorteile: immer aktuell, muss nicht gedruckt und verteilt werden.

Password
Geheimes Wort, um sich bei einem Computer, einem Netz, einem Dienst (z.B. E-Mail) oder im Internet anzumelden. Es verhindert den Zugang von unberechtigten Personen. Das Passwort unter der Tastatur ist so wie der Schlüssel unter der Matte! Vergleiche Passphrase.

Passwort
siehe Password.

Patch
Englisch für "Flicken". Eine kleine Änderung an einer Software zur Behebung eines Fehlers, die oftmals im Internet zum Downloaden angeboten wird.

Pauschaltarif
Einige Internet-Provider oder Telefongesellschaften bieten solche Pauschaltarife. So zahlt man z.B. nur eine monatliche Grundgebühr an den Provider und kann ohne zeitliche bzw. mengenmäßige Begrenzungen surfen. Siehe auch Flat-Rate.

PDF

steht für **P**ortable **D**ocument **F**ormat. Ein von Adobe entwickeltes Format, um fertig formatierte Dokumente plattformunabhängig anzeigen bzw. drucken zu können. PDF arbeitet mit Datenkompression. Hyperlinks und Verschlüsselung sind möglich. PDF-Files können mit einem kostenlosen Plug-In vom Browser dargestellt werden. Der Ersteller eines solchen Dokumentes "druckt" aus seiner Anwendung mit Hilfe eines speziellen Treiberprogramms (Programm: Adobe Destiller) in eine Datei. Eine Nachbearbeitung ist möglich. So lässt sich z.B. das in WinWord auf einem Windows-PC erstellte Handbuch mitsamt Grafik auch auf einem Apple-PC ausdrucken.

PDF eignet sich insbesondere für die elektronische Publikation und Verteilung bereits vorhandener Papierdokumentation. Der Import oder eine Weiterverarbeitung von PDF-Dateien ist nur mit spezieller Software möglich. Eine PDF-Datei kann auch vor dem Kopieren von Textpassagen bzw. dem Druck in eine Datei gesperrt werden. Per Plug-In kann ein Browser erweitert werden, um solche Dateien anzeigen zu lassen.

Phishing

Kunstwort aus "passwort" und "fishing". Gemeint ist das "Abfischen von Passwörtern". Versuche, meist unter einem Vorwand, persönliche Daten in Erfahrung zu bringen. Wenn Sie z.B. eine E-Mail von Ihrer Bank erhalten, mit der Bitte Ihre PIN (mit TAN) "zur Überprüfung" zu nennen oder von einer Behörde gebeten werden über Ihre finanzielle Situation Auskunft zu geben, ist äußerste Vorsicht angebracht. Wenn ein Täter mit solchen Daten Ihre Identität illegal übernimmt (engl. "Identity Theft"), können die Folgen resultierender Straftaten sehr unangenehm sein. Ist plötzlich Ihr Konto nicht nur leergeräumt sondern auch noch überzogen, wird Ihnen die Bank nicht entgegenkommen, da Sie selber ja die Daten "ausgeplaudert" haben. Die Banken weisen darauf hin, dass vertraulichen Informationen niemals telefonisch, per E-Mail oder über das Internet abgefragt werden! Mehr dazu unter http://www.antiphishing.org

Plug-In

Englisch für "to plug = einstecken, stöpseln". Zusätzliche Programme, um die Funktionen eines Browsers zu erweitern. Etwa, um bestimmte Dateitypen anzeigen bzw. verarbeiten zu können (MS-Word-Text *.DOC, PDF-Dateien, Sound- Ton- oder Videodaten). Ärgerlich wird es dann, wenn eine Unzahl von Plug-Ins die Festplatten blockieren. Viele Plug-Ins leisten Ähnliches (Video- oder Audio-Player), arbeiten allerdings mit unterschiedlichen Methoden bzw. Techniken. Schöner wäre es, wenn man sich auf Standards einigen könnte, die dann in die Browser integriert werden.

Profil

oder auch Benutzerprofil bzw. Anwenderprofil.

Surfen hinterlässt Spuren. Viele Firmen interessieren sich für zusätzliche Daten ihrer (potenziellen) Kunden. Wird beispielsweise beim zweiten Besuch ein Anwender via Cookie wiedererkannt, kann sein Weg durch das Internetangebot des Anbieters verfolgt und protokolliert werden. So lernt man seine Interessen und Vorlieben kennen. Bietet man dem Anwender z.B. ein Gewinnspiel und bittet "nebenbei" um weitere Daten wie Name, Anschrift, Telefonnummern, E-Mail-Adresse, Alter, bis hin zum Familienstand und seinen finanziellen Verhältnissen entsteht sehr schnell ein "gläserner Internet-Surfer". Wenn man dann anschließend einen Brief oder ein E-Mail erhält, in dem neben dem Glückwunsch zum 18. Geburtstag auch Werbung für eine Versicherung, Autokauf etc. enthalten ist, braucht man sich nicht zu wundern. Einige Firmen arbeiten nur für solche Zwecke (siehe auch E-Bonding). Für so gesammelte Daten zahlen andere Firmen hohe Summen für ihre zielgerichteten Werbeaktionen. Gerade amerikanische Firmen nehmen es mit dem Datenschutz nicht so genau. Achten Sie daher auf die "Allgemeinen Geschäftsbedingungen zur Behandlung von Datenmaterial" (Privacy Policy) der Firmen.

Protokoll
Kurzform für Übertragungsprotokoll. Ein Protokoll ist vereinfacht gesagt eine Definition, die bestimmte Regeln festlegt, an die sich Computer bei der Kommunikation zu halten haben. Man unterscheidet zwischen Hardware- und Software-Protokollen. Ein bekanntes Modem-Protokoll aus der Mailboxszene ist zum Beispiel Z-Modem, das zur direkten Datenübermittlung zwischen zwei Systemen dient und eine Fehlerkorrektur beinhaltet. Wichtige Protokolle für verschiedene Internet-Dienste sind HTTP, FTP, NNTP und SMTP.

Provider
Eine Firma, die Ihren Kunden gegen eine Gebühr den Zugang zum Internet ermöglicht. In der Regel wird die Zugangssoftware (z.B. ein Browser als Client) gestellt. Es gibt zahlreiche Internet-Anbieter (engl. Provider) mit den unterschiedlichsten Tarifen. Welcher Anbieter bzw. welcher Tarif der richtige ist, muss individuell entschieden werden (siehe Tarife).
Reine Internet-Provider wie EUnet oder Netsurf sorgen lediglich für den Netzanschluss. Sogenannte Online-Dienste wie AOL, T-Online oder CompuServe halten zusätzliche Informationen bereit, die aber nur ihre Mitglieder abrufen können. Hier spricht man auch von Content-Providern.
Vergleiche auch IPP, ISP und PoP.

Proxy
Proxy steht für "Stellvertreter". So werden z.B. die PCs eines Firmennetzes über einen Proxy-Server an das Internet gekoppelt. Der Proxy-Server kann zudem die Aufgabe eines Firewalls haben, d.h., er schützt das firmeninterne Intranet vor Zugriffen von außen. Die Person, die Internetinhalte abruft, ist nach außen hin nicht erkennbar. Viele Proxy-Server besitzen Cache-Speicher, um den Informationsfluss zu beschleunigen bzw. die Leitungen zu entlasten.

Pseudonym
Benutzernamen, die nichts mit dem richtigen Namen des Benutzers zu tun haben. Pseudonyme werden oft von Usern in Newsgroups oder Chats verwendet, um anonym zu bleiben. Siehe auch Avatar.

Reload
Befehl eines Browsers, der die aktuelle Webseite erneut von einem Server anfordert. Gerade der Besuch regelmäßig aktualisierter Webseiten macht den Befehl unverzichtbar. Dies gilt vor allem dann, wenn der Provider einen Proxy-Server nutzt, der als Zwischenspeicher (Cache) bereits geladene Seiten an den Browser weitergibt, ohne eine Aktualisierung der Seite auf dem ursprünglichen Server zu berücksichtigen (vergleiche auch "Refresh").

Server
Sprich "zörwer". Ist ein Computer, der "dient"; ein Computer eines Anbieters, der einem Client (Nutzer) Material liefert. Auch oft als Host bezeichnet.

Server-Hosting
'Unterstellen' eines Computers bei einem Provider, da dieser in der Regel günstiger einen Internetrechner betreiben kann.

Service-Provider
siehe Provider

Shockwave
Ein Programm der Firma Macromedia, mit dem schnell und unkompliziert multimediale Inhalte wie Spiele und Animationen für das WWW erstellt werden können. Mit dem entsprechenden Plug-In können solche Dateien abgespielt bzw. betrachtet werden (Flash-Dateien *.SWF und Director-Dateien *.DCR). Beispiele finden Sie auf der deutschen Macromedia-Seite: http://www.macromedia.com/de/ oder unter http://www.shockwave.com/. Hier gibt es auch das Plug-In als Download. Vergleiche auch "Flash" von Macromedia.

SHTML
SHTML stellt eine Erweiterung von HTML dar.
Mit SHTML können Elemente von Web-Seiten generiert und eingebunden werden. Damit wird die Seite dynamisch. Mit SHTML können z.B. Counter (Zähler), Datum und Uhrzeit, Aktualisierungsdaten, Dateigrössen, u.v.m. dargestellt werden. Diese Generierung geschieht auf der Serverseite. Das Ergebnis ist letztlich eine HTML-Datei, die von jedem Browser dargestellt werden kann (bzw. sollte).

SHTTP
Steht für **S**ecure-**HTTP**. Eine HTTP-Variante, auch als "sicheres HTTP" bekannt, die sichere Datenübertragung (Authentisierung und Verschlüsselung von Daten) über das Internet ermöglicht. Siehe auch SSL. Sie sehen es in der Adresszeile, wenn dieses Protokoll läuft: http**s**://freemailng0501.web.de/online/. Statt "http://" beginnt die Adresse dann mit "https://".

Sitemap
Eine "Karte" (englisch "map"), die die Orientierung auf einer Web-Site gewährleisten soll. Man könnte es auch einfach mit "Inhaltsverzeichnis" übersetzen, aber Sitemap hört sich besser an ☺. Der Besucher soll schnell den Inhalt des Angebots überblicken und per Klick erreichen können.

Standleitung
Eine permanente Verbindung (meist Mietleitung, englisch: leased line) zwischen zwei Orten. Standleitungen werden üblicherweise verwendet, um ein größeres lokales Netzwerk bzw. einen Server mit einem Internet-Provider zu verbinden. Durch die höhere Bandbreite von Standleitungen können höhere Übertragungsgeschwindigkeiten als bei Telefonleitungen erreicht werden. Eine solche festgeschaltete Verbindung steht ständig zur Verfügung, es entfällt der Einwählvorgang, wie er bei Modem- oder ISDN-Verbindungen erforderlich ist. Vorteile: Keine laufenden Gebühren, Möglichkeit zum Betrieb eines eigenen Internet-Servers.
Nachteile: Relativ hohe Anschaffungskosten und laufende Gebühren (je nach Übertragungsgeschwindigkeit), relativ aufwendige Installation.

Suchmaschine
Um sich in der Informationsflut des Internets zurechtzufinden, gibt es Suchmaschinen. Das sind Internetrechner, denen man Suchfragen stellen kann. Treffer werden als Links aufgelistet. Möchte man jedoch eine eigene Suchmaschine (zur Suche im eigenem Web-Angebot oder auf der eigenen Festplatte), so gibt es die Software dazu von namhaften Suchmaschinen wie z.B. von AltaVista (http://de.altavista.com/addurl).

Surfen
Sprich "zörfen". Sich meist per Mausklick mit Hilfe eines Internet-Browsers weltweit von Rechner zu Rechner zu klicken, nennt man auch "surfen".

SWF
Shock**W**ave **F**lash (auch "**S**mall **W**eb **F**ormat"). Platzsparendes Vektor-Grafik-Format der Firma Macromedia für animierte Web-Seiten.

T-DSL
Telekom **D**igital **S**ubscriber **L**ine. Mit der Marotte vor alles ein "T-" zu setzen, handelt es sich hier "nur" um einen Markennamen der Telekom für ADSL- bzw. DSL-Zugänge. T-DSL bietet Übertragungsraten bis zu 16.000 kbit/s (Downstream). Das entspricht der zweihundertvierzigfachen ISDN-Geschwindigkeit. Die Sendegeschwindigkeit ist mit bis zu 128 kbit/s (Upstream) immer noch doppelt so hoch wie bei ISDN.

Timeout
Englisch für "Zeitbegrenzung", um eine bestehende Verbindung zu trennen, wenn keine Aktivität vorliegt (User ist vor dem Rechner eingeschlafen) oder Abbruch nach vergeblichen Versuchen, einen Partnerrechner zu erreichen. Vergleiche auch Inaktivitätstimer.

Internet Explorer 9 für den Hausgebrauch

Toplevel-Domain
Bezeichnung der höchsten Domain im Internet. Die Toplevel-Domain (TLD) ist der rechte äußere Teil einer Internet-Adresse. Z.B. ".de" oder ".com". Die Top-Level-Domain bezieht sich auf den Standort der Namensverwaltung (zur Registrierung) und nicht auf den Standort eines Internet-Servers.
Man unterscheidet thematische Domains wie 'com' für kommerziell oder 'mil' für militärisch,
nTLD = **n**ational **T**op **L**evel **D**omains oder auch
ccTLD = **c**ountry **c**ode **T**op **L**evel **D**omains sind die zweistelligen Ländercodes nach ISO 3166. Beispiele 'de' für Deutschland, 'fr' für Frankreich.
gTLD = **g**eneric **T**op **L**evel **D**omains. Beispiele 'firm' für Firmen, 'rec' für Freizeitthemen.
Mehr unter URL.

Transfervolumen
Die übermittelte Datenmenge, die über eine Leitung von oder zu einem Web-Server übertragen wird. Das Transfervolumen kann Bestandteil von Tarifen sein und ist somit ein Kostenfaktor.

Update
Englisch für "Aktualisierung", "Änderung", "Berichtigung", "Ergänzung", "Erweiterung", "Fehlerbereinigung", "Nachlieferung" oder "Nachtrag". Z.B. für eine Aktualisierung von einer alten auf eine neue Programmversion. Vergleiche auch Upgrade.

Upload
Bei einem Upload werden Dateien beliebigen Inhalts vom eigenen Computer auf einen Server übertragen ("Hinaufladen"). Im Internet wird hierzu häufig FTP eingesetzt. Diesen Vorgang in der umgekehrten Richtung nennt man Download.

URL
Ist die Abkürzung für '**U**niform **R**esource **L**ocator'. Es handelt sich um die Adresse eines Dokumentes im Internet, bestehend aus Typ (Dienst), Ort (Rechner, Verzeichnis) und Dateinamen.

User
Englisch für "Anwender" oder "Benutzer". Sie selber sind ein 'User', wenn Sie z.B. die Dienste eines Providers in Anspruch nehmen, um ins Internet zu kommen.

User-ID
Englisch für "Benutzerkennung". Name eines Abrechnungskontos (Account) eines Benutzers auf einem Rechner bzw. bei einem Provider.

W-LAN
Steht für **W**ireless-**LAN** (**W**ireless **L**ocal **A**rea **N**etwork), einer drahtlose Netzwerklösung.

PC, Netzwerk-Rechner, Drucker und andere Peripheriegeräte können mit einer Datenfunk-Steckkarte ausgerüstet werden. Die aufwendige Verkabelung aller Komponenten kann entfallen. Siehe auch Bluetooth.

Web
Sprich "wepp". Siehe unter World Wide Web.

Web-Seite
Eine in HTML kodierte Datei, die mit einem Browser via HTTP geladen und angezeigt werden kann.

Web-Site
Schwer zu übersetzender Begriff, grob: "Platz, Stelle, Standort", aber nicht zu verwechseln mit "Seite". Informationsangebot im WWW eines Anbieters (Firma, Organisation, Uni, Verein, Privatmann/frau usw.) bestehend aus einer oder auch einer Vielzahl von Web-Seiten, d.h. HTML-Dokumenten. Wird auch Web-Präsenz oder Internet-Präsenz genannt. Die Startseite wird als Homepage bezeichnet. Es können sich auch mehrere Sites auf einem Server befinden, z.B. mehrere lokale Firmen auf dem Server einer Werbeagentur.

Web-Server
Ein Server, der Web-Seiten auf Anforderung via HTTP zu einem HTML-Browser überträgt.

Webdesign
Erstellung und Konzeption nicht nur einzelner Web-Seiten, sondern ganzer Internet-Auftritte von Firmen, Organisationen oder Privatpersonen. Ein Webdesigner ist verantwortlich für die grafische Gestaltung und die Navigation solcher interaktiven Inhalte. Er sollte kreativ sein, Erfahrung mit Grafikprogrammen und HTML-Editoren haben, Scriptsprachen wie JavaScript, VBScript sowie die Funktionsweise des Internets kennen. Sollen Online-Shops (E-Shops) oder Online-Foren eingebunden werden, sind zudem Datenbankkenntnisse nötig. Außerdem verlangt das schnelllebige World-Wide-Web ein gewisses Gespür für die Trends.

WebMail
siehe unter Web2Mail.

Webmaster
Derjenige, der für die technische Pflege, Überwachung und den laufenden (ununterbrochenen) Betrieb eines Web-Servers verantwortlich ist.

World Wide Web
Das WWW ist die Gesamtheit der Rechner im Internet, die über HTTP mit Hypertext-

Verknüpfungen vernetzt sind. Es existiert seit 1993 und machte das Internet erst populär. Durch seine einfache Bedienung und Multimediafähigkeit verdrängte es blitzartig die bisherigen Internet-Dienst, wie "Gopher" oder "Archie". Deren Bedienung war recht umständlich und eher etwas für hartgesottene Computerfreaks.

WWW
steht für **W**orld **W**ide **W**eb (siehe oben). Spötter buchstabieren auch "**W**orld **W**ide **W**aiting", wenn sie auf der weltweiten Daten-Autobahn im Stau stehen und warten müssen.

Index

ActiveX 6, 71, 118, 131
Add-Ons 7, 78, 92
adobe 25
Adobe Reader 25, 28, 78
Adressleiste 17, 19, 21, 116
Adresszeile 10, 19, 20, 21, 30, 31, 32, 33, 87, 96, 126, 137
Aktualisieren 6, 32, 61
Alt-Taste 50, 51, 56
Ansicht 6, 51, 55
avi 27
Backspace 20
Bearbeiten 5, 6, 51, 52, 55
beenden 5, 16, 54, 82
Beenden 6, 54, 60, 66, 82, 132
Befehlsleiste 6, 57, 58
Bildersuche 108
Bildlaufleiste 15
Bildschirmauflösung 94
Body 61, 120
Browser 9, 19, 29, 31, 52, 61, 71, 92, 94, 96, 120, 121, 126, 127, 131, 132, 135, 136, 137, 140
Browserverlauf 6, 7, 64, 66, 67, 82, 116
Cascading Style Sheets 61
Cookie 65, 66, 70, 110, 122, 135
Cookies 6, 54, 62, 65, 66, 71, 89, 122
CSS 61, 120
Datei 5, 25, 26, 27, 28, 51, 54, 73, 74, 75, 93, 119, 122, 126, 128, 135, 137, 140
Datenschutz 7, 89, 136, 145
Datenschutzrichtlinie 6, 62
Desktop 13, 54
Dienste 119
doc 26
docx 26
Download 2, 10, 12, 73, 74, 124, 127, 128, 137, 139
Downloads 6, 7, 73, 74, 75, 114, 125, 134
Downloadseite 10
Downloadverlauf 6, 65
Drucken 6, 52
Druckvorschau 6, 52, 58
Eigenschaften 6, 54
Eingabefeld 14, 40
Eingabeleiste 17
Einstellungen 5, 7, 13, 37, 50, 52, 69, 71, 79, 83, 84, 87, 88, 91, 110
Email-Adresse 21, 27, 112
Entwicklertools 7, 81, 116
Ergebnisseite 7, 17, 30, 98, 101, 102
Ergebnisseiten 7, 101, 102
Erweitert 7, 52, 93
Ever-Cookies 67
exe 26, 28, 73
Exportieren 6, 54
Extras 6, 50, 51, 52, 64, 77, 79, 80, 81, 82
Favoriten 5, 6, 13, 37, 38, 39, 41, 42, 43, 44, 46, 47, 48, 49, 51, 54, 63, 80, 96, 117, 120, 126, 132
Favoritenleiste 6, 56, 63, 116
Feed 7, 80, 81
Firewall 10, 12, 111, 127, 130
Flash-Cookies 67
Formulardaten 6, 65, 66
Geschützten Modus 88
gif 26

Google 7, 17, 22, 24, 28, 30, 34, 42, 61, 96, 97, 98, 99, 100, 101, 102, 103, 105, 106, 107, 108, 110, 128
Head 61
Hilfsfenster 24
htm 26
html 26, 27
Im Cache 103
Importieren 6, 54
Inhalte 7, 70, 71, 90, 118, 122, 127, 137, 140, 145
InPrivate 6, 66, 89, 116
Internetadressen 5, 14, 17, 18, 19, 21, 82
Internetoptionen 7, 16, 38, 49, 52, 54, 65, 82
Internetseite 10, 14, 15, 16, 18, 22, 23, 25, 26, 27, 30, 31, 32, 33, 34, 35, 36, 37, 38, 39, 42, 49, 51, 52, 53, 54, 56, 57, 61, 62, 63, 64, 65, 67, 70, 71, 72, 73, 76, 79, 80, 82, 83, 88, 92, 93, 100, 103, 111, 114, 115, 128, 146
Java 78, 118, 131, 132
jpg 26, 28
Kennwörter 6, 66
Kompatibilitätsansicht 7, 31, 79
Kontextmenü 33, 37, 46, 47, 48, 56, 57, 58, 109, 116
Lesezeichen 37, 38, 45, 54, 120, 126, 132
Link 5, 22, 23, 24, 25, 26, 27, 28, 29, 33, 49, 53, 54, 56, 59, 92, 95, 99, 103, 110, 116, 119, 120, 129, 132
Löschen 48, 56, 65, 80, 82
Mausfunktionen 5, 15, 61

Mausklick 20, 29, 40, 56, 71, 97, 120, 121, 129, 138
Mauszeiger 15, 19, 23, 24, 26, 27, 28, 31, 43, 46, 56, 59, 63, 81, 109, 113, 114, 129, 132
Menüleiste 5, 50, 51, 56, 63, 116
Modem 91, 111, 119, 133, 136, 138
mov 27
mp3 26
mpg 27
net4web 18, 27, 39, 40, 59, 123, 146
Öffnen 5, 26, 51, 52, 75
Online-Banking 113
Passwörter 66, 112
pdf 26, 28, 99
Pfeiltasten 14
Phishing 74, 112, 135
Piktogramm 12, 13, 16
Popup 6, 75
Programme 7, 9, 13, 28, 65, 73, 78, 81, 92, 114, 121, 131, 132, 135, 146
PullDownMenü 21
Quellcode 6, 61, 129
Registerkarten 5, 7, 16, 32, 33, 34, 35, 36, 43, 54, 82, 87, 88
Registersurfen 32, 34, 36
Routers 91
Rückwärts 14
Schadsoftware 74
Schaltflächen 14, 15, 29, 58, 68, 69, 81, 85, 102, 120
Schließen 36, 67
Schnellstartleiste 13, 16, 56
Scrollbalken 15
Scrollrad 15
Seite einrichten 6, 52
Senden 6, 53

shtml 26
Sicherheit 2, 7, 9, 88, 111, 122
Sicherheitslücken 9, 81
Sicherheitszertifikat 113
SmartScreen-Filter 7, 76, 77
Speichern 6, 42, 47, 52, 73, 74, 109, 120
Startseite 5, 7, 13, 14, 17, 22, 29, 30, 33, 37, 38, 39, 60, 61, 82, 100, 110, 116, 128, 140
Statusleiste 6, 59
Statuszeile 23, 25, 27, 59
Suchanfragen 18, 98, 101, 104
Suchdienst 30, 31, 84, 85, 86
Suchen 7, 25, 84, 95, 105, 114, 128
Suchmaschinen 7, 22, 61, 69, 95, 96, 104, 122, 127, 138
Supervisorkennwort 90
Symbolleiste 5, 37, 57
Symbolleisten 6, 56, 60, 63, 89
Systemsteuerung 11
Taskleiste 7, 35, 72, 114
Taskmanager 36
Textgröße 6, 61

Thawte 113
Toolbars 60, 89
Topleveldomain 19
Tracking-Schutz ... 6, 67, 68, 69, 70
Umbenennen 47, 48, 56
Updates 12, 81, 111, 130
Verbindungen 7, 91, 111, 119, 130, 138
Verbindungsprobleme 6, 71
Verisign 113
Verknüpfung 54, 132, 133
Verlauf 5, 6, 37, 38, 49, 64, 65, 66, 82, 83, 116
Verschlüsselte Internetseiten 113
Vollbild 6, 62, 116
Vorwärts 14, 102
Warenkorb 65
Windows Update 7, 81
xls 26
xlsx 26
zip 26, 28
Zoom 6, 61, 117
Zoomen 16

Haftungsausschluss

Inhalt des Angebotes
Der Autor übernimmt keinerlei Gewähr für die Aktualität, Korrektheit, Vollständigkeit oder Qualität der bereitgestellten Informationen. Haftungsansprüche gegen den Autor, welche sich auf Schäden materieller oder ideeller Art beziehen, die durch die Nutzung oder Nichtnutzung der dargebotenen Informationen bzw. durch die Nutzung fehlerhafter und unvollständiger Informationen verursacht wurden sind grundsätzlich ausgeschlossen, sofern seitens des Autors kein nachweislich vorsätzliches oder grob fahrlässiges Verschulden vorliegt. Alle Angebote sind freibleibend und unverbindlich. Der Autor behält es sich ausdrücklich vor, Teile der Seiten oder das gesamte Angebot ohne gesonderte Ankündigung zu verändern, zu ergänzen, zu löschen oder die Veröffentlichung zeitweise oder endgültig einzustellen.

Verweise und Links
Bei direkten oder indirekten Verweisen auf fremde Internetseiten ("Links"), die außerhalb des Verantwortungsbereiches des Autors liegen, würde eine Haftungsverpflichtung ausschließlich in dem Fall in Kraft treten, in dem der Autor von den Inhalten Kenntnis hat und es ihm technisch möglich und zumutbar wäre, die Nutzung im Falle rechtswidriger Inhalte zu verhindern. Der Autor erklärt hiermit ausdrücklich, dass zum Zeitpunkt der Linksetzung die entsprechenden verlinkten Seiten frei von illegalen Inhalten waren. Auf die aktuelle und zukünftige Gestaltung, die Inhalte oder die Urheberschaft der gelinkten/verknüpften Seiten hat der Autor keinerlei Einfluss. Deshalb distanziert er sich hiermit ausdrücklich von allen Inhalten aller gelinkten/verknüpften Seiten, die nach der Linksetzung verändert wurden. Diese Feststellung gilt für alle innerhalb des eigenen Angebotes gesetzten Links und Verweise sowie für Fremdeinträge in vom Autor eingerichteten Büchern, Gästebüchern, Diskussionsforen und Mailinglisten. Für illegale, fehlerhafte oder unvollständige Inhalte und insbesondere für Schäden, die aus der Nutzung oder Nichtnutzung solcherart dargebotener Informationen entstehen, haftet allein der Anbieter der Seite, auf welche verwiesen wurde, nicht derjenige, der über Links auf die jeweilige Veröffentlichung lediglich verweist.

Urheber- und Kennzeichenrecht
Der Autor ist bestrebt, in allen Publikationen die Urheberrechte der verwendeten Grafiken, Tondokumente, Videosequenzen und Texte zu beachten, von ihm selbst erstellte Grafiken, Tondokumente, Videosequenzen und Texte zu nutzen oder auf lizenzfreie Grafiken, Tondokumente, Videosequenzen und Texte zurückzugreifen. Alle innerhalb des Angebotes genannten und ggf. durch Dritte geschützten Marken- und Warenzeichen unterliegen uneingeschränkt den Bestimmungen des jeweils gültigen Kennzeichenrechts und den Besitzrechten der jeweiligen eingetragenen Eigentümer. Allein aufgrund der bloßen Nennung ist nicht der Schluss zu ziehen, dass Markenzeichen nicht durch Rechte Dritter geschützt sind! Die Erwähnung von Marken erfolgt gemäß §23 Markengesetz. Das Copyright für veröffentlichte, vom Autor selbst erstellte Objekte bleibt allein beim Autor der Seiten. Eine Vervielfältigung oder Verwendung solcher Grafiken, Tondokumente, Videosequenzen und Texte in anderen elektronischen oder gedruckten Publikationen ist ohne ausdrückliche, schriftliche Zustimmung des Autors nicht gestattet.

Datenschutz
Sofern innerhalb des Internetangebotes die Möglichkeit zur Eingabe persönlicher oder geschäftlicher Daten (Emailadressen, Namen, Anschriften) besteht, so erfolgt die Preisgabe dieser Daten seitens des Nutzers auf ausdrücklich freiwilliger Basis. Die Inanspruchnahme und Bezahlung aller angebotenen Dienste ist - soweit technisch möglich und zumutbar - auch ohne Angabe solcher Daten bzw. unter Angabe anonymisierter Daten oder eines Pseudonyms gestattet.

Rechtswirksamkeit dieses Haftungsausschlusses
Sofern Teile oder einzelne Formulierungen dieses Textes der geltenden Rechtslage nicht, nicht mehr oder nicht vollständig entsprechen sollten, bleiben die übrigen Teile des Dokumentes in ihrem Inhalt und ihrer Gültigkeit davon unberührt.

Im Buchhandel erhältlich:
Windows 7 für den Hausgebrauch   ISBN: 9-783-8423-3602-5

Als ich die erste Beta-Version von Windows 7 auf meinem ältesten Testrechner installiert habe, war ich schon überrascht, wie flott das Betriebssystem auf dieser alten Kiste lief. Da bei mir ein Rechnerneukauf ins Haus stand, stand für mich auch fest, dass es einer mit Windows 7 wird. Bei meinen Tests mit der Beta-Version hatte ich schon gemerkt, dass fast alle meiner alten Programme problemlos liefen. Das war bei der Umstellung von Windows XP auf Windows Vista noch ganz anders. Windows 7 ist viel anfängerfreundlicher als ältere Windows-Versionen. Ich arbeite fast mein gesamtes Berufsleben mit Computern und bin nicht mehr so leicht zu beeindrucken. Windows 7 hat mich aber bisher wirklich überzeugt. An vielen Stellen hat Windows kosmetische Veränderungen erfahren, die vorbildlich sind.

Von der Kamera auf die DVD mit Magix Video deluxe
ISBN: 9-783-8423-3276-8

Heute bannen handliche Kameras das Filmmaterial in bestechender Qualität auf eine Speicherkarte und es ist im Handumdrehen auf einem Computer. Und hat man das Material erst mal auf der Festplatte, kann man mit dem richtigen Programm so ziemlich alles damit machen, was man sich vorstellen kann. Magix Video deluxe bietet für die Videonachbearbeitung alles was man braucht, und damit übertreibe ich keineswegs, um auch als Laie professionelle Ergebnisse zu erzielen. Tauchen Sie ein in die Welt der Videobearbeitung und lassen Sie sich mitreißen von der Vielfalt der kreativen Möglichkeiten. Dieses Buch zeigt Ihnen anschaulich, Schritt für Schritt, wie Sie Ihre Filme auf dem PC schneiden, betiteln, nachvertonen und mit Effekten ausstatten. Das Ergebnis wird ein Film sein, der sich in Ihrer DVD-Sammlung nicht verstecken muss.

Videotricks – Wissen wie's geht   ISBN: 978-3-8423-0695-0

Haben Sie sich auch schon mal gefragt, wie der eine oder andere Trick in einem Kinofilm zustande gekommen ist? In diesem Buch finden Sie zahlreiche Beispiele, die Sie sicherlich in ähnlicher Form schon einmal irgendwo gesehen haben. Diese Tricks nachzustellen ist manchmal sehr banal und einfach. Man muss nur wissen wie es geht. Das Buch zeigt Ihnen alles Notwendige in einer Schritt-für-Schritt-Anleitung. Auf der Internetseite www.net4web.de/downloads/ finden Sie alle notwendigen Dateien um die Tricks mit Magix Video deluxe „nach zu bauen". Auch die fertigen Tricks stehen dort für Sie bereit. Bei der Auswahl der Tricks wurde darauf geachtet, dass Sie entweder ganz kostenlos oder wenn mit einem Minimalbudget von wenigen Euro realisiert werden können.

Digitalkamera und dann? - Für Windows XP ISBN: 978-3-8370-9722-1
Digitalkamera und dann? - Für Windows 7 ISBN: 978-3-8391-1366-0

Sie haben sich eine Digitalkamera angeschafft, können prima fotografieren, wissen aber nicht so richtig, wie Sie die Bilder von der Kamera auf den PC bekommen, dort sicher verwalten können und auch jederzeit wiederfinden? Dieses Buch zeigt Ihnen Schritt für Schritt, wie Sie unter Windows, eine sinnvolle Ordnerstruktur für Ihre Bilder aufbauen können. Sie lernen mit diesem Buch nicht nur das, sondern auch, wie man Bilder weiterverarbeitet (Größe ändern, auch für den Email-Versand, Helligkeit und Farbe anpassen, rote Augen entfernen, Horizont gerade rücken, Retusche usw.). Außerdem wird in diesem Buch anschaulich gezeigt, wie Sie eigene Dia-Shows mit Ihren Bildern erstellen können. Und das Schönste daran ist, dass die eingesetzte Software für den Privatgebrauch kostenlos ist und dabei doch höchsten Ansprüchen genügt. Im Buch befindet sich ein Gutscheincode um 100 Fotos kostenlos bei FUJIdirekt über das Internet zu bestellen (Es fallen nur Versandkosten an).

Mein Fotobuch mit www.aldifotos.de   ISBN: 978-3-8370-2100-4

Erstellen Sie ein professionell gedrucktes und gebundenes Fotobuch mit Ihren eigenen Fotos. In Druck- und Verarbeitungsqualität steht dieses Fotobuch einem gekauften Bildband in nichts nach. Egal ob Sie ein eigenes Fotobuch für einen Hochzeit, einen Geburtstag, eine Taufe oder über den letzten Urlaub erstellen. Sätze wie: „Das Fotobuch ist das Schönste, was ich je am Computer gemacht habe." oder „Meine Geschwister haben geweint, als ich ihnen das Fotobuch zu Weihnachten geschenkt habe.", haben mich bewogen, es doch einmal mit diesem Buch zu versuchen. Zeigen Sie Ihrer Familie und Ihren Freunden, dass Sie mit dem Computer etwas Einzigartiges schaffen können.

Das Computer-Lexikon   ISBN: 978-3-8370-9923-2

In einem Computer-Kurs fragte mich einmal ein Teilnehmer:"Sagen Sie mal, was heißt eigentlich ISDN?" Ich holte aus, um eine Erklärung der technischen Belange abzugeben, wurde aber schnell unterbrochen. Er wollte einfach wissen, wofür diese Abkürzung steht. Da musste ich tatsächlich passen. Diese Peinlichkeit hat zur Entwicklung dieses Nachschlagewerkes geführt. Mehr als 1300 Begriffe aus der Computerwelt werden hier verständlich erklärt. Ach ja. ISDN steht für Integrated Services Digital Network. Das werde ich nie mehr vergessen ☺.

www.ingramcontent.com/pod-product-compliance
Lightning Source LLC
Chambersburg PA
CBHW082332220526
45470CB00008B/2485